Petra Kühne

Vitamine – Wirkstoffe des Lebendigen

Petra Kühne

Vitamine – Wirkstoffe des Lebendigen

Arbeitskreis für Ernährungsforschung
Bad Vilbel

1. Auflage 2015

Arbeitskreis für Ernährungsforschung e. V.
D-61118 Bad Vilbel, Niddastr. 14
www.ak-ernaehrung.de

Druck: Druckerei Nolte

ISBN 978-3-92229064-3

Inhaltsverzeichnis

Einleitung

Vitamine gelten als gesund. Seit ihrer Entdeckung genießen sie dieses hohe Ansehen. Es hängt mit ihrer Geschichte zusammen. Sie begann vor gut 100 Jahren.

Der Biochemiker Casimir Funk benannte den von ihm in Reiskleie gefundenen Stoff „Thiamin“: schwefelhaltiges Amin. Daraus leitete er den Namen Vitamin ab. Die Entdeckung des Thiamins (Vitamin B_1) war 1911/12 ein Durchbruch der medizinischen und naturwissenschaftlichen Forschung. Jahr für Jahr fanden Forscher weitere Vitamine, die zuerst einfach mit Buchstaben bezeichnet wurden. Schon bald stellte sich heraus, dass die anderen Vitamine chemisch keine Amine waren. Nur ein weiteres Vitamin, das 1926 bekannt und 1948 in seiner Struktur aufgeklärt wurde, stellte sich als Amin heraus: Cobalamin oder Vitamin B_{12}. Das zuletzt entdeckte Vitamin war Folsäure. Lange hatte man sie für ein anderes B-Vitamin gehalten.

Etliche Substanzen verloren auch wieder ihren Vitaminstatus. Sie sind zwar wichtig im Stoffwechsel, können aber vom Organismus aufgebaut werden. Sogenannte vitaminähnliche Substanzen werden im letzten Kapitel vorgestellt wie auch die früher als Vitamine angesehenen Stoffe. Ihnen werden bis heute teilweise sehr positive Gesundheitswirkungen zugeschrieben, die aber nicht immer gesichert sind.

Vitamine haben die Anschauung über Nährstoffe, das Kochverhalten und die Ernährungsgewohnheiten nachhaltig verändert. Deshalb wird ihnen dieses Buch gewidmet. Eine Betrachtung der Vitamine nur als Substanzgruppe wäre jedoch unvollständig. Sie wirken im Organismus von Pflanze, Tier und Mensch. Somit sind sie mit den Lebensprozessen verbunden, was hier auch dargestellt wird.

Das Wissen von Vitaminen bereichert die Ernährung. Berücksichtigt man ihr Vorkommen in der Praxis, so verbessert sich die Lebensmittelauswahl und führt zu einer gesunden und präventiv wirkenden Ernährung. Die Empfehlungen in diesem Buch wollen den Bedarf an Vitaminen über Lebensmittel, nicht über Nahrungsergänzung decken.

Dr. sc. agr. Petra Kühne, August 2015

Die Entdeckung der Vitamine

Bereits im Altertum gab es Erkrankungen, die zu schweren Störungen bis zum Tod führen konnten. Ihre Ursache war unbekannt. Dazu gehörte Skorbut. An dieser Krankheit litten die Menschen im späten Winter, sie war bei Seefahrern gefürchtet. Vasco da Gama soll 1497 bei der Umsegelung von Kap Horn 100 seiner 160 Seeleute durch Skorbut verloren haben. Es lockerten sich die Zähne, es kam zu Hautschäden und Muskelschwund bis zum Tod durch Herzschwäche. Bei der Beri Beri Erkrankung gab es Nervenstörungen, Herzinsuffizienz und Abmagerung. Diese Krankheit trat im 19. Jahrhundert gehäuft in Asien auf. Bei der perniziösen (gefährlichen) Anämie war die Bildung der roten Blutkörperchen vermindert. Die vorhandenen waren mit Hämoglobin überladen, dies führte zu Nervenschädigungen, Lähmungen bis zum Tod. Die Pellagra, im 19. Jahrhundert eine Geißel in Südeuropa, konnte ebenfalls tödlich enden. Nicht zu vergessen ist Rachitis, durch die viele Kinder lebenslang geschädigt wurden.

Tabelle 1: **Die Entdeckung der Vitamine**

Jahr	Vitamin	gefunden in
1912	Thiamin (Vitamin B_1) Vitamin C	Reiskleie Zitrone
1913	Vitamin A	Fischleberöl
1918	Vitamin D	Fischleberöl
1920	Vitamin B_2	Hühnerei
1922	Vitamin E	Weizenkeimöl
1926	Vitamin B_{12}	Leber
1929	Vitamin K	Luzerne
1931	Pantothensäure (Vitamin B_5) Biotin (Vitamin H)	Leber Leber
1934	Vitamin B_6	Reiskleie
1936	Niacin (Vitamin B_3)	Leber
1941	Folsäure (Vitamin B_9)	Leber

Schon früh erkannte man, dass etliche dieser Krankheiten sich mit Lebensmitteln heilen ließen. Daher hielt man sie für Mangelkrankheiten.

So gab es Anti-Skorbut-Mittel wie Sauerkraut und Zitronen für die Seefahrer. Die Bauern wussten, dass man die ersten grünen Blätter einiger Frühlingskräuter gegen Skorbut essen musste. Das Scharbockskraut erhielt danach seinen Namen, weil man seine Blätter vor dem Blühen zur Vorbeugung oder Heilung verzehrte. Scharbock war der alte Name für Skorbut. Das Problem war, dass es im Spätwinter wenig konserviertes Gemüse gab und frisches noch nicht zur Verfügung stand.

Die Beri Beri, die bei Armen, Schiffsbesatzungen und Gefangenen in Asien grassierte, trat vermehrt auf, nachdem sich weißer Reis verbreitet hatte. Reis wurde aus Haltbarkeitsgründen und der Farbe wegen geschält. Unter traditioneller Ernährung mit Naturreis war die Beri Beri kaum bekannt, obwohl auch viele Menschen sprichwörtlich von der „Handvoll Reis" leben mussten. Dem Forscher Eijkman fiel auf, dass kranke Hühner durch Futter von Naturreis und grünen Erbsen wieder gesund wurden. Der Koch wollte den „edlen" weißen Reis nicht dem Geflügel geben und fütterte lieber den grauen Naturreis. Aber genau dadurch blieben die Hühner gesund. Eijkman konnte dann die Beri Beri durch Reiskleie, das Abgeschälte des Naturreises, heilen. Seine Arbeiten griff Casimir Funk auf. Wundert es bei dieser Vorgeschichte, dass viele Forscher für ihre Arbeiten den Nobelpreis erhielten? Sie galten als Helden, die die Geißeln der Menschheit besiegt hatten.

Tabelle 2: **Nobelpreise für die Vitaminforschung**

Jahr/ Fach	**Vitamin**	**Preisträger**
1928 Chemie	Vitamin D (+ Sterine)	A.D.R. Windaus
1929 Medizin	Thiamin	C. Eijkman, F.G. Hopkins
1934 Medizin	Vitamin B_{12} (Entdeckung)	G.R. Minot, W.P. Murphy
1937 Chemie	Vitamin A (Carotinoide)	P. Karrer
1937 Chemie 1937 Medizin	Vitamin C	W.N. Haworth A. Szent-Györgyi
1938 Chemie	Carotinoide	R. Kuhn
1943 Medizin	Vitamin K	H.C.P. Dam, E.A. Doisy
1953 Medizin	Pantothensäure	F.A. Lipmann, H. Krebs
1964 Chemie	Vitamin B_{12} (Struktur)	D. Hodgkin
1967 Medizin	Vitamin A und Retina	G. Wald

Zu ihnen gehörten Szent-Györgyi, der den „Anti-Skorbut-Faktor" isolierte und dafür den Medizin-Nobelpreis bekam, wie auch sein Kollege Haworth, der Vitamin C als Ascorbinsäure ermittelte und den Nobelpreis für Chemie erhielt. Tabelle 2 zeigt, wie viele Nobelpreise für die Erforschung der Vitamine und ihrer Wirkung vergeben wurden.

Nach 1912 wurde der Name „Vitaminmangelkrankheit" geprägt. Etliche Vitamine erhielten den Namen der Krankheit, die sie verhinderten: Antiskorbutisches Vitamin (Vit. C), antirachitisches Vitamin (Vit. D) oder Pellagra-Schutzfaktor (Niacin). Der lustigste Name war wohl Anti-Graues Haar-Faktor für die Pantothensäure. [1]

Grundlagen der Vitamine

Vitamine werden für physiologische Funktionen im Stoffwechsel gebraucht, der Körper kann sie aber nicht selber aufbauen. Im Unterschied zu essentiellen Fettsäuren, die anfänglich zu den Vitaminen gezählt wurden, werden sie kaum zur Gewinnung von Energie abgebaut.

Definition: Vitamine sind organische Verbindungen, die der Körper nicht oder nur unzureichend aufbauen kann, aber in kleinen Mengen für seinen Stoffwechsel benötigt.

Dies ist bei anderen Nährstoffen wie Kohlenhydraten und Fetten der Fall. Die Vitaminforschung veränderte die Medizin und hatte Einfluss auf die Ernährung. Essen diente nun nicht nur dem Sattwerden, sondern es konnte Krankheiten verhindern! Das wurde sonst nur Medikamenten zugeschrieben. Vitamine kommen in Pflanzen und Tieren vor. Pflanzen können sie selbst synthetisieren. Tiere benötigen alle B-Vitamine in der Nahrung. Vitamin C können dagegen fast alle Säugetiere aufbauen bis auf Menschenaffen und Meerschweinchen. Um einen Stoff zu synthetisieren, braucht man Lebenskräfte, die im Körper wirken. *R. Steiner* nennt sie leibgebunden. Kann ein Lebewesen eine Substanz wie ein Vitamin nicht selber herstellen, so hat es seine Lebenskräfte von dort abgezogen. Sie stehen nun geistigen Fähigkeiten zur Verfügung. Dies zeigt die Entwicklung zu einem seelisch-geistigen Wesen. Dafür ist es notwendig, den Bildungsprozess des Stoffes von anderen Lebewesen vollziehen zu lassen und ihn fertig aufzunehmen.

1 Ibrahim Elmadfa, Claus Leitzmann: Die Ernährung des Menschen. 4. Aufl. Stuttgart 2004, S. 289ff.

Dies ist eine Art Arbeitsteilung oder Symbiose, die wir mit den anderen Naturreichen haben. Man kennt insgesamt 13 Vitamine, die sich nochmals aufteilen wie Vitamin D_2 oder D_3 oder eine Vielzahl von unterschiedlich wirkenden Vitamin E Verbindungen (Tocopherole).

In den folgenden Jahren führten die Forscher immer mehr Krankheiten auf den Mangel an solchen Wachstumsfaktoren zurück: Nachtblindheit auf Vitamin A-Mangel, perniziöse Anämie auf Vitamin B_{12}-Mangel, Rachitis auf Vitamin D-Mangel. Die Mangelkrankheiten wurden aber nicht durch ein Vitamin geheilt, sondern durch Lebensmittel. So erwies sich die Leber, das zentrale Stoffwechselorgan von Mensch und Tier als Vorratsspeicher diverser Vitamine. Besonders Rinderleber wurde als hochwertiges Lebensmittel eingestuft (s. Tabelle 1, letzte Spalte). Generationen von Kindern mussten sie essen. In den achtziger Jahren des 20. Jahrhunderts entdeckte man, dass sich in der Leber auch Schadstoffe ansammeln. Nun wurde zur Zurückhaltung geraten. So ändern sich Anschauungen. Heute verbinden wir vitaminreiche Lebensmittel fast nur mit Obst und Gemüse. Dies ist eine Verschiebung, die vor allem mit Vitamin C zusammen hängt. Außerdem bewertet man tierische Lebensmittel und vor allem Innereien kritischer.

Die Vitaminmangelkrankheiten verschwanden durch Lebensmittel, nicht durch einen isolierten Stoff. Dies war lange bekannt. *Nachtblindheit* wurde bereits im Altertum mit Eiern erfolgreich behandelt. Vitamin A-Mangel tritt noch heute in einigen Ländern Afrikas auf. Dort sind tierische Lebensmittel wie Eier und die Versorgung mit ß-Carotin, aus dem der Körper Vitamin A bildet, knapp. Es fehlen Obst und Gemüse in der Kost. Dazu kommen Klimaprobleme wie Trockenheit.

Rachitis, ein Mangel an Vitamin D kann durch genügend Sonnenlicht verhindert werden. Aber die schlechten Wohnverhältnisse der Arbeiter im 19. Jahrhundert (wenig Licht), kurze Stillzeiten der Babys, weil die Mütter arbeiten mussten und selbst zu wenig hatten, mangelhafte Beikost mit wässrigen Mehlbreien und wenig Milch (aus Armut und Unwissenheit) führten zu geringem Vitamin D Gehalt der Nahrung. Frühe Kinderarbeit in Räumen statt Spielen in der Sonne begünstigten auch diese Krankheit. Bei englischen Kindern, die im Bergbau arbeiten mussten, fand man häufig Rachitis, so dass man von „Englischer Krankheit" sprach, die natürlich auch in anderen Ländern auftrat. Ursachen waren mangelhafte Ernährung und schlechte Lebensverhältnisse.

Reis enthält Thiamin *Foto: AKE*

Bei *Beri Beri* hatte man dem Reis die wichtigen Randschichten entfernt, gleichzeitig war die Ernährung arm an Gemüse, Obst und anderen Lebensmitteln, die einen Ausgleich hätten schaffen können.

Bei *Pellagra* war der Mais ungenügend verarbeitet, er braucht Kalk zum Aufschließen des Vitamins. Dies wussten die Indios, die durch Mais keine Vitaminmangelkrankheit bekamen, nicht aber die Europäer. Wirken also Vitamine oder sind es Lebensmittel, die Vitamine enthalten?

Oft hat sich das Wissen von den Vitaminen abgelöst vom Lebensmittel. Das Vitamin allein soll wirksam sein, auch wenn es synthetisch erzeugt wurde. Daraus entstanden Nahrungsergänzungsmittel und Präparate.

Rudolf Steiner kannte Casimir Funks Veröffentlichungen und reagierte darauf eher ablehnend. Vitamin war für ihn nur ein Name, aber keine Ursache.[2] Er sah „Vitamine" als stoffliche Grundlage von Lebensprozessen. Die belebende Kraft eines Nahrungsmittels ist nicht in der Substanz Vitamin, sondern in den Lebenskräften enthalten. Auch der anthroposophische Ernährungsmediziner Gerhard Schmidt sprach von den „so genannten Vitaminen". Wichtig sind ätherische Kräfte, die Prozesse im Stoffwechsel anregen.[3] So ist es, dass im geschälten Reis nicht nur ein Vitamin entfernt wurde, sondern eine Vielzahl von Pflanzenzellen, Vitaminen, Ballaststoffen, Mineral-, Farb- und Duftstoffen und so ihre Kräftezusammenhänge zerstört wurden. Im Sauerkraut ist nicht nur Vitamin C, sondern vieles andere vorhanden. Die Gesundungskräfte liegen somit in den Zusammenhängen und nicht nur in einem Stoff, den man Vitamin genannt hat. Die Verengung nur auf diesen Stoff ist eine Reduzierung der Vielfalt. Es finden sich heute viele Fälle, in denen das isolierte Vitamin nicht oder nur in abgeschwächter Form wirkt im Gegensatz zum Lebensmittel, das dieses Vitamin enthält.

---

2 Rudolf Steiner Ärztevortrag 3.1.24 GA 316, Dornach 2003, S. 40, „Neun Vorträge über das Wesen der Bienen". Vorträge vom 1.12.23, 15.12.23 GA 357, Dornach 1999. S. 164f. und 236f.

3 Gerhard Schmidt: Dynamische Ernährungslehre Bd. 2. Dornach 2000.

Wirkung von Wärme und Kühle

Wer sich mit der chinesischen 5-Elemente Ernährung befasst hat, kennt den Begriff der thermischen Wirkung der Lebensmittel. Er war früher auch in der europäischen Ernährungs- und Gesundheitslehre bekannt. Darunter versteht man nicht die äußere Temperatur, sondern die innere Wärmewirkung auf den Stoffwechsel. Durch Garen lässt sich die thermische Qualität steigern. Daher gibt es Gerichte, die lange gekocht werden, um diese innere Wärme zu erhöhen wie die 2-Stunden-Möhren. Sie gelten als besonders verträglich für Menschen mit geschwächtem Stoffwechsel oder Wärmehaushalt. In solchen Speisen sind die Vitamine durch das lange Kochen stark reduziert. Auch in der deutschen Küche dominierten früher die Kochprozesse. Rohkost galt als krankmachend. Dies hatte den Hintergrund, dass durch Insekteneier und Bakterien – es wurde noch mit Fäkalien gedüngt – tatsächlich Krankheiten hervorgerufen werden konnten. Daher gab es genaue Angaben zum Waschen und Einlegen in Salzwasser, um Gemüse und Salat von solchen ungebetenen Lebewesen zu säubern. Als der Arzt *M.O. Bircher-Benner* seine Patienten erfolgreich mit Rohkost heilte, wurde dies argwöhnisch von seinen Kollegen beobachtet.

Salat enthält Vitamin C *Foto:AKE*

Mit der Entdeckung der Vitamine begann sich diese Anschauung zu ändern. Sie wurden mit „gesund" gleichgesetzt und erklärten, warum unerhitzte Nahrung positiv wirkt. Jetzt galt langes Kochen als ungesund, denn dadurch verminderten sich die Vitamine.

Dabei blickt man auf 2 Polaritäten: Wärme und Kühle. Der Mensch ist ein Wärmewesen mit eigener Körpertemperatur. Kennzeichen ist die Wärmedifferenzierung im Körper. Manche Körperteile sind wärmer (innere Organe), andere kälter (Nasenspitze). Ständig muss der Mensch seine Wärme gegenüber der Umwelt aufrechterhalten, mal den Körper abkühlen, wenn es draußen heiß ist, mal anwärmen. Große Temperaturunterschiede steuert die Nahrung bei. Vom kalten Speiseeis bis zum heißen Tee gelangen Lebensmittel in den Magen. Hier muss das Blut Wärme zuführen oder ableiten, damit die Eigenwärme erhalten bleibt und das Lebensmittel sie annimmt.

Manche Menschen verfügen über einen schwachen Wärmehaushalt. Ihnen fällt es schwer, warm zu blieben, sie leiden an kalten Füßen und Händen, können sehr kalte Nahrung schlecht vertragen. Ihr Stoffwechsel ist empfindlicher und nicht so leistungsfähig. Diese Menschen benötigen mit der Nahrung mehr innere Wärme. Sie entfaltet sich im menschlichen Stoffwechsel. Lebensmittel, die beim Reifen viel Sonnenwärme aufgenommen haben wie Obst, Öle und auch Gewürze verfügen über viel innere Wärme. Durch langes Kochen kann der Mensch solche Nachreife, eine innere Wärme im Lebensmittel verstärken. Dann ist diese Nahrung für die Menschen mit schwachen Wärmekräften eine heilende Kost. Die meisten Vitamine spielen hier keine Rolle. Sie haben eine andere Aufgabe, nämlich überwiegend Wachstumsprozesse zu unterstützen wie Vitamin C, K oder viele B-Vitamine. Lediglich Vitamin A und E, die beiden fettlöslichen Vitamine haben mehr mit Reife und Wärme zu tun.

Es gibt auch Menschen, die über einen starken Wärmeorganismus verfügen. Ihnen ist immer warm, eher sogar zu warm. Manche neigen zum Schwitzen, andere sind auch im Winter leicht bekleidet. Sie benötigen eine andere Nahrung, denn sie können ihre innere Wärme selbst erzeugen. Daher suchen sie eher Anregung zur Betätigung ihres Stoffwechsels mit der Nahrung.

Rohkost ist hierfür ein gutes Beispiel. Durch die aktive Verdauung und den Stoffwechsel wird Wärme gebildet, sie braucht weniger in der Nahrung zu sein. Solche Nahrung ist reich an Lebensprozessen und damit auch an B-Vitaminen und Vitamin C.

Insofern müssen nicht für jeden Menschen immer viele Vitamine enthalten sein. Es gibt Konstitutionstypen, für die der innere Wärmegehalt der Nahrung zeitweise oder oft wichtiger ist. Er fördert mehr die inneren Kräfte, entlastet den Stoffwechsel. Für andere Menschen soll der Stoffwechsel aktiviert werden. Sie brauchen eine lebenskräftige Nahrung, die vitaminreich ist. Notwendig sind daher beide Qualitäten, die jedoch in unterschiedlicher Intensität vom einzelnen Menschen benötigt werden.

Vitaminwirkungen

Alle Vitamine sind im Stoffwechsel wirksam. Die B-Vitamine sind Bestandteil von Enzymen, wirken bei Lebensprozessen im Stoffwechsel mit. Ohne bestimmte Vitamine sind etliche Enzyme nicht wirksam. Enzyme sind das Werkzeug des Ätherleibes, unserer Lebensorganisation, um Stoffwechselprozesse durchzuführen. So unterstützen die B-Vitamine den Abbau der Nahrung in den Zellen zur Energiegewinnung, den Aufbau von Proteinen und vieles mehr. Andere Vitamine kommen in bestimmten Organen vor und haben dort ihre Funktion: Vitamin A in der Retina der Augen und der Haut, Vitamin D im Knochenstoffwechsel, Vitamin B_{12} in Nerven und Blut. Die Folsäure als B-Vitamin ist mit Wachstumsprozessen vor allem in der Kindheit verknüpft.

Grundlegend unterscheidet man fett- und wasserlösliche Vitamine. Zu den fettlöslichen gehörten die Vitamine A, D, E und K; zu den wasserlöslichen die B-Vitamine und C. Die fettlöslichen benötigen ein Fett als Träger. Sie finden sich daher auch in Fetten und Ölen. Fettarme Kost mindert die Zufuhr dieser Vitamine. Wasserlösliche Vitamine werden leichter aufgenommen. Sie laugen aber leichter aus, wenn man z. B. Gemüse oder Kartoffeln länger wässert oder in viel Wasser kocht.

Rudolf Hauschka hat die Vitamine in vier Klassen eingeteilt nach ihrer Wirkung im Organismus.[4] Dabei spielen die 4 Elemente des Umkreises Wärme, Licht, Wasser und Erde (Festigkeit) eine Rolle. Diese Übersicht ist ergänzt durch die fettlöslichen Vitamine E und K, die bei ihm noch fehlten.[5]

Tabelle 3: **Vitamine und ihr Bezug zu den Elementen**

Vitamin	Löslichkeit	Wirkung
Vitamin A	Fett	Wärme/Licht
B-Vitamine	Wasser	Ordnung/Wasser
Vitamin K	Fett	Ordnung/Fett
Vitamin C	Wasser	Luft/Oxidation
Vitamin E	Fett	Luft/Oxidation
Vitamin D	Fett	Gestalt/Licht

4 Rudolf Hauschka: Ernährungslehre. 7. Aufl. Frankfurt 1979. S. 155-164
5 Petra Kühne: Ernährungssprechstunde. Stuttgart 1993, S. 144-152

Vitamin A und *ß-Carotin* vermitteln Wärme- und Lichtprozesse. Das Provitamin ß-Carotin bildet sich in der Wärme der Früchte oder findet sich in den Wurzeln der Möhre.

Die *B-Vitamine* sind wirksam in den Lebensprozessen der Zellen und ihrer Enzyme. Sie ordnen und leiten den Stoffwechsel, der vom Ätherleib impulsiert wird. *Thiamin (Vitamin B_1)* ist beispielsweise wichtig für die Energiebereitstellung im Stoffwechsel. *Vitamin C* ist das bedeutende antioxidative Vitamin. Antioxidativ bedeutet, dass es verhindert, dass Sauerstoff (der Luft) bestimmte Verbindungen „erdet", oxidiert. Die *Vitamine A* und *E* haben ähnliche Aufgaben wie Vitamin C, aber im fettlöslichen Bereich. So schützt Vitamin E Fette und Öle vor Oxidation, vor Ranzigkeit. Vitamin E hat deshalb ebenfalls eine Beziehung zu Luft und Sauerstoff.

Vitamin D ist verantwortlich für die Knochenhärtung, die Gestaltbildung im Festen. Es bildet sich in Mensch und Tier aus Vorstufen durch Licht in der Haut.

Vitamin K gehört zu den weniger bekannten Vitaminen. Es wirkt bei der Entstehung und Veränderungen von Proteinen mit. Es hat eine Aufgabe bei der Blutgerinnung, dem Schutz vor Verbluten bei Verletzungen. Es ist ein fettlösliches Vitamin, das ähnlich wie die wasserlöslichen B-Vitamine Ordnung und Schutz im Zellgeschehen und Blut vermittelt. So entsteht es vor allem im Blatt, in den grünen Chloroplasten der Pflanze.

Empfindlichkeit der Vitamine

Vitamine reagieren auf Umwelteinflüsse wie Wärme, Licht, Luft (Sauerstoff) und Säure. Die meisten sind empfindlich gegenüber Hitze, Licht und Sauerstoff. Am stabilsten gegen Hitze sind die Vitamine E und B_{12}. Sie weisen bei normalem Garen rund 10 % Verlust auf. Empfindlicher mit 20 % Verlust sind Vitamin B_2, B_6 und sehr empfindlich mit 30-80 % Verlust sind Vitamin C und B_1. Am empfindlichsten auf Hitze reagiert die Folsäure mit 35-90 % Verlust. Relativ stabil ist Vitamin K. Bei diesen Werten kommt es auf die Dauer und Intensität der Wärmeeinwirkung an. Vitamine C und B_1 werden aufgrund ihrer Hitzeempfindlichkeit oft als Maßstab für eine Wärmeschädigung genutzt.

Empfindlich gegen

Säure:	Vitamin B_{12}, Folsäure
Sauerstoff (Luft):	Vitamin A, B_1, B_{12}, C, D, E
Licht:	Vitamin A, D, E, K, B_2, B_6, B_{12}, C

Die Vitaminierung

Nach ihrer Entdeckung wurden Vitamine als notwendig zur Verhinderung von Krankheiten gesehen. Dies lag daran, dass in der Ernährung vitaminreiche Lebensmittel fehlten.

Mit der Verbesserung der Ernährungslage verschwanden auch die Vitaminmangelkrankheiten. Vitamine galten seitdem als wichtig und die Gesundheit fördernd. In der Mitte des 20. Jh. veränderte sich der Blickwinkel in der Medizin von der Patho- zur Salutogenese. Es wurde auf die Gesunderhaltung geschaut und nicht nur auf die Krankheitsbekämpfung. „Prävention vor Therapie" hieß diese Richtungsänderung.

Zitronen enthalten natürlches Vitamin C *Foto: AKE*

Dies betraf auch Vitamine. Sie sollten nicht nur zur Verhinderung von Mangelkrankheiten, sondern der Gesunderhaltung dienen. Man erforschte ihre Funktionen im Stoffwechsel und stellte Hypothesen über weitere Wirkungen auf. Danach erhofften sich Ärzte und Wissenschaftler, dass Vitamine helfen könnten neben Erkältung auch Krankheiten wie Diabetes oder Krebs zu vermeiden. Man traute ihnen sogar zu, dass sie das menschliche Leben verlängern könnten.

Der zweifache Nobelpreisträger Linus Pauling meinte mit Megadosen von Vitamin C das Leben zu verlängern: tägliche Menge von 1 g, das Zehnfache der Empfehlung der Deutschen Gesellschaft für Ernährung (DGE). Diese Mengen können nicht über Lebensmittel aufgenommen werden, sonst müsste man täglich 2 l Orangen- oder Zitronensaft trinken oder 1 kg Brokkoli oder Paprika essen.

Es muss also über isolierte Vitamine als Pulver oder Tabletten gehen. So entstand eine Therapierichtung, die orthomolekulare Medizin. Heute weiß man, dass zu viel Vitamin C zu Nierenschäden führen kann und die Wirkung anderer Vitamine wie besonders B_{12} behindert.

Gibt es eine präventive Wirkung der Vitamine?

In den letzten Jahrzehnten entstanden viele Studien an Menschen, welche die präventive Wirkung von Vitaminen überprüfen sollen. Leider zeigten sich kaum positive, sondern sogar negative Effekte auf die Gesundheit. Dies betrifft vor allem die fettlöslichen Vitamine A, D und E. Aber auch von Vitamin B_6 und C sind Schäden durch Überdosierungen bekannt.[6] Die Behauptung, dass Vitamin C Erkältungen vorbeugen könne, wurde revidiert. Dieses Vitamin kann lediglich bei manchen Menschen die Dauer einer Erkältung verkürzen.[7] Zu viel Folsäure löst wahrscheinlich bei älteren Menschen sogar Krebs aus. Nahrungsergänzende Vitamine sind in ihrer präventiven Wirkung fraglich geworden.

Die Verkaufszahlen von Vitaminpräparaten sind hoch. Sie sollen fehlende Vitamine ergänzen. Aber der Durchschnittseuropäer ist ausreichend versorgt mit vitaminreichen Lebensmitteln.

Die Nationale Verzehrstudie II, bei der auch die Vitaminzufuhr von 15.370 Teilnehmern ausgewertet wurde, ergab eine gute Versorgung. Lediglich bei Vitamin D und Folsäure liegt ein Mangel in bestimmten Altersgruppen vor. Die Vitamin D-Versorgung hat mit der Lichtaufnahme zu tun, nicht nur mit der Nahrung. Daher spielt der Aufenthalt im Freien eine Rolle. Bei Folsäure ist die Empfehlung inzwischen gesenkt, so dass die Versorgung viel günstiger aussieht als bei der Auswertung der Studie. Bei den anderen Vitaminen ist die Versorgung ausreichend.

Zur Diskrepanz zwischen Wirksamkeit und Absatzzahlen von Nahrungsergänzungsmitteln sagte Prof. Michael Krawinkel von der Universität Gießen in einem Interview:

„Der Anstieg des Absatzes von Nahrungsergänzungsmitteln ist ein Hinweis, wie schlecht es um die Ernährungsbildung der Bevölkerung bestellt ist. Eine Aufgabe der Schulen und Erwachsenenbildung wäre es, so viel Kenntnisse

---

6 Bentes, Werner: Die Vitaminbombe. SZ Wissen 15/2007, S. 26ff.

7 Douglas, Robert (Nationaluniversität, Canberra), Hemilä, Harri (Universität Helsinki): Plos Medicine, Bd. 2, Nr. 6, S. 168

über unseren Körper, seine Funktion und unsere Ernährung zu vermitteln, dass Menschen sich abwechslungsreich und vollwertig, kurz gesund, ernähren. Dann wird sowohl die Nachfrage nach Supplementen und Nahrungsergänzungsmitteln als auch die unnötige Geldausgabe dafür sicher sinken."[8]

Reicht der natürliche Vitamingehalt aus?

Nun hat der Verbraucher durchaus ein Wissen von Vitaminen: Sie helfen gesund zu bleiben. Dies traf bei der Mangelernährung im 19. Jh. zu. Heute gibt es aber bis auf wenige Menschen mit zehrenden Krankheiten oder Alkoholikern keine Mangelernährung. Werbeaussagen vermitteln jedoch häufig ein anderes Bild. So wird von bestimmten Interessengruppen verbreitet, dass die Lebensmittel durch die moderne Landwirtschaft weniger Nährstoffe und Vitamine enthalten.

Richtig ist daran nur, dass der Vitamingehalt bei einigen Sorten mit hohem Ertrag geringer geworden ist. Dies wird jedoch durch den stark gestiegenen Obst- und Gemüseverzehr mehr als wettgemacht.

Auch befürchten manche Verbraucher bereits einen Mangel an Vitaminen, wenn sie es nicht schaffen, täglich die von der DGE empfohlenen 5 Portionen Obst und Gemüse zu essen. Dies führt aber nicht zum Mangel, denn diese Menge beinhaltet einen großen Sicherheitszuschlag. Was allerdings den Vitamingehalt vermindert, sind Verarbeitungsverfahren, bei denen Teile der Lebensmittel entfernt werden wie das Schälen von Reis oder die Entfernung der Randschichten bei der Herstellung von weißem Mehl.

Äpfel enthalten mehr Vitamin C als Apfelsaft *Foto: AKE*

Aber dieses Manko behebt man nicht durch ein Vitaminpräparat, sondern durch vollwertige Lebensmittel. Baguette weist weniger Mineralstoffe und Vitamine auf als ein Misch- oder Vollkornbrot. Aber es muss nicht immer Vollkorn sein, auch ein Mischbrot ist gehaltvoller

8 Krawinkel, Michael: Sinn und Unsinn der Vitamin- und Mineralstoffsupplementation. „Ernährungsumschau" 2/2011, S. 87

als ein Weißbrot oder Baguette. Gegen ein Weißbrot am Sonntag spricht wenig, wenn sonst in der Woche ein vollwertigeres Brot gegessen wird.

Verluste beim Vitamin C gibt es bei der Saftherstellung. Der Apfel enthält durchschnittlich 12 mg Vitamin C, Apfelsaft nur noch 1 mg. Beim Orangensaft bleibt mehr erhalten. Bei Obst oder Gemüse in Dosen gehen auch Vitamine verloren, allerdings weniger als oft befürchtet.

In England und den USA werden hoch verarbeitete Lebensmittel vitaminiert. So setzt man weißem Mehl Vitamin B_1, fettarmer Milch die mit der Sahne entfernten fettlöslichen Vitamine A und D zu. Cornflakes oder andere Frühstückscerealien werden gleich mit einer Multivitaminmischung angereichert. In Deutschland darf weißes Mehl nicht vitaminiert werden. Ein isoliertes Vitamin oder auch ein Multivitaminpräparat ersetzt nicht das Fehlende des Lebensmittels. Es geht um das Zusammenspiel von Stoffen und Kräften. Daher ist die beste Vitaminversorgung eine ausgewogene Ernährung mit gesunden Lebensmitteln wie Obst, Gemüse und Getreideprodukten. Ein Vitaminpräparat ist manchmal auch ein Alibi, um die mühsamere Änderung der Ernährungsgewohnheiten aufzuschieben. Dann ändert sich aber nichts an der eigenen unzureichenden Situation.

Bei Bio-Lebensmitteln sind nach der EU Öko-Verordnung Vitaminierungen nicht erlaubt. Ausnahme sind spezielle Lebensmittel, bei denen der Gesetzgeber solche Zusätze vorschreibt oder Mindestgehalte verfügt hat, die nicht durch die Lebensmittel erreicht werden. Dies ist beispielsweise bei Babynahrung der Fall. Auch hier wird der Nutzen hinterfragt. Demeter versucht seit längerem die Verpflichtung zum Zusatz von Vitamin B_1 bei Getreidebeikost zu verändern und den hohen Mindestgehalt zu senken. Bio-Lebensmittel sollen natürliche Kräfte und Substanzen vermitteln. Eine Vitaminierung entspricht dem nicht.

Nüsse enthalten viele natürliche Vitamine *Foto: AKE*

Definitionen:

Nahrungsergänzungsmittel sind Lebensmittel, die die allgemeine Ernährung ergänzen sollen, aus Nährstoffen mit ernährungsspezifischer oder physiologischer Wirkung bestehen und in konzentrierter Form vorliegen (als Tablette, Dragee, Pulver). Dazu zählen die Vitamine.

Supplemente sind Zusätze zu Lebensmitteln z.B. der Vitamin C Zusatz in einem Bonbon oder ein Multivitaminsaft, auch ***funktionelle*** Lebensmittel genannt.

Unter ***Vitaminierung*** versteht man die Zufügung von Vitaminen als Supplement oder als Nahrungsergänzungsmittel zur Ernährung.

Natürliche und chemisch hergestellte Vitamine

Oft wird argumentiert, dass es einen großen Unterschied zwischen natürlichen und chemisch produzierten Vitaminen gibt. Natürliche Nahrungsergänzungsmittel enthalten oft Konzentrate aus Nahrungsauszügen. Ihr Vorteil ist, dass weitere Pflanzenstoffe wie bioaktive Substanzen vorhanden sein können. In chemisch hergestellten Vitaminpräparaten sind dagegen außer dem Vitamin nur technische Hilfsstoffe wie Trägersubstanzen, Stabilisatoren oder andere Zusätze vorhanden. Dies sind qualitative Unterschiede, die sich auch im Preis zeigen. Allerdings ist die Vitaminaufnahme durch ganz normale Lebensmittel die beste Lösung. Dies berührt nicht medizinisch erforderliche Therapien, wo tatsächlich ein Mangel vorliegt.

So ist für die Vitaminversorgung eine vollwertige Ernährung das Wichtigste. Eine schonende Herstellung verbessert den Vitaminerhalt. Hier gehen die meisten Vitamine verloren. Vitaminierung ist außer in medizinisch begründeten Fällen zur Ergänzung der Alltagsernährung nicht sinnvoll. Dass Vitamine präventiv gegen Krankheiten wirken können, lässt sich bisher nicht bestätigen. Daher ist eine vorbeugende Einnahme sehr zu überlegen. Wichtiger ist es, seine Nahrung so ausgewogen zusammen zu stellen, dass über Obst, Gemüse, Getreide, Milchprodukte und Nüsse ausreichend Vitamine im natürlichen Verband aufgenommen werden.

Die wasserlöslichen Vitamine

Vitamin B_1 (Thiamin) – das Nervenvitamin

Alle B-Vitamine sind Bestandteile von Enzymen, auch Vitamin B_1 oder Thiamin. Es war die erste isolierte Substanz, die zu dem Namen Vitamin führte. Vitamin B_1 ist chemisch ein Amin, d.h. es enthält Stickstoff in einer Ringverbindung. Der erste Teil des Namens „Thiamin" verweist auf den Gehalt an Schwefel (Thio). Sonst enthält nur Biotin, das ebenfalls zu den B-Vitaminen gehört, Schwefel. Dieses Spurenelement ist eng mit Aminosäuren und Eiweiß verbunden.

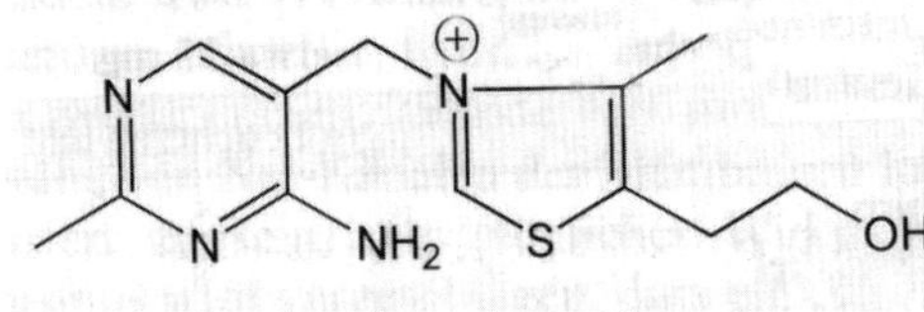

Strukturformel von Thiamin

Ein alter Name für Thiamin ist Aneurin oder antipolyneuritischer Faktor, d.h. es verhindert Nervenentzündungen. Dies beruht auf den Erfahrungen, die man mit Thiamin gemacht hatte. Bei der Krankheit Beri Beri wurden die Nervenentzündungen geheilt. Da Vitamine heute nicht mehr nach Krankheiten genannt werden, hat sich die Bezeichnung Vitamin B_1 oder Thiamin eingebürgert. Thiamin wird von Pflanzen, Algen und Bakterien aufgebaut. Auch manche Pilze können es synthetisieren. Tier und Mensch sind jedoch auf eine Aufnahme durch die Nahrung angewiesen. Thiamin ist in vielen Lebensmitteln enthalten, oft jedoch nur in kleinen Mengen. Hauptsächlich wird es über Schweinefleisch, Wurst, Getreide, Milch und Hülsenfrüchte aufgenommen. Es zählt zu den empfindlichsten Vitaminen und wird durch Wärme, Licht, Sauerstoff und Laugen (basische Substanzen) zerstört.

Aufgaben

Thiamin ist Bestandteil (Coenzym) des Enzyms Thiaminpyrophosphat (TPP), das im Zellstoffwechsel wichtige Aufgaben bei der Verwertung der Kohlenhydrate, besonders der Glukose hat. Damit wird der Energiestoffwechsel geregelt, so dass Muskeln und Gehirn ausreichend versorgt werden. TPP ist ebenfalls an Substanzumwandlungen von verschiedenen Zuckern beteiligt, was auch der Energieversorgung besonders in Belastungssituationen dient.

Daher treten Mangelsymptome zuerst als Müdigkeit, Kopfschmerzen und nachlassende Konzentrationsfähigkeit auf. Daneben hat Thiamin eine direkte Aufgabe im Nervensystem zur Versorgung der Nervenzellen. Nicht umsonst nennt man es Nervenvitamin. Schwerer Thiaminmangel führt zu Nervenentzündungen wie bei der Beri Beri. Da dann auch der Herzmuskel vom Mangel betroffen ist, kommt es zu Herzproblemen.

Wo kommt Vitamin B_1 vor?

Der Thiaminbedarf ist abhängig von der verzehrten Kohlenhydratmenge, da diese durch das Vitamin erst im Stoffwechsel verwertet werden kann. Es findet sich in den kohlenhydratreichen Lebensmitteln wie in Getreide, Hülsenfrüchten, Nüssen oder Kartoffeln. Diese Lebensmittel liefern also die Substanz und die Kräfte gleich mit, die zur Verwertung im Stoffwechsel benötigt werden.

Tabelle 4: **Vitamin B_1 Gehalt und Verarbeitung** in mg/100 g

Naturreis	0,41	Weizenkorn	0,46
parboiled Reis	0,44	Grieß	0,12
weißer Reis	0,06	Mehl Type 405	0,06

Quelle: Die große GU Nährwert-Kalorien-Tabelle 2014/15

Wenn Lebensmittel stark verarbeitet sind, ist oftmals der Gehalt an Thiamin sehr gemindert. M.O. Bruker nannte den weißen Zucker „Vitaminräuber“, weil er selber kein Thiamin mehr enthält, es aber zur Verwertung braucht. Es muss daher durch andere Nahrungsmittel zugeführt werden. In der Tabelle ist zu sehen, wie stark der Thiamingehalt beim Reis durch das Entfernen der Randschichten vermindert wird. Da wundert es nicht, dass bei weitgehender Reisnahrung in Asien die Vitamin-Mangelkrankheit Beri Beri auftrat. Zur Abhilfe hat die FAO das *parboiled* Verfahren eingeführt, um den Menschen eine bessere Alternative zum weißen Reis zu bieten. Hierbei wird der Reis mit Dampf behandelt, wodurch Vitamine und Mineralstoffe aus den Randschichten in das Korn wandern, erst dann wird geschält. Dies geschieht traditionell mit Dämpfen und Trocknen, industriell mit Druck im Vakuum. Der parboiled Reis hat eine kürzere Kochzeit und sieht gelblich aus. Die Proteinqualität ist etwas gemindert. Ein Fünftel der weltweiten

Reisernte wird zu parboiled Reis verarbeitet. Der Thiamingehalt kann sogar durch bessere Verfügbarkeit über dem von Naturreis liegen.

Ebenso vermindert sich der Thiamingehalt vom Weizenkorn bis zum Weißmehl Type 405. Grieß enthält ebenfalls wenig Thiamin. Die Vorliebe für helle Backwaren auch im Bio-Bereich verbunden mit viel zuckerhaltigen Süßigkeiten erfordert viel Thiamin für die Kohlenhydratverwertung. Das Vitamin ist aber in diesen Lebensmitteln zu wenig enthalten. Daher sollten öfter Vollkorn oder zumindest „Graumehle" wie Type 1050 verwendet werden, die noch fast so viel Thiamin wie Vollkorn enthalten (0,43 mg).

Die Hauptquelle an Thiamin für Gemischtköstler sind Fleisch und Wurstwaren. An dritter Stelle liegt laut Statistik das Brot, gefolgt von Milchprodukten. Beim Fleisch gibt es große Unterschiede zwischen den Tierarten. Während Schweinefleisch reich an Thiamin ist, haben Rind und Geflügel wesentlich weniger. Dies zeigt sich auch bei Wurstwaren je nach Anteil der Fleischarten und des Fettes. Als wasserlösliches Vitamin ist Thiamin nicht in Fett vorhanden. Fettes Fleisch enthält daher weniger von diesem Vitamin. Gut ausgestattet mit Thiamin sind Hülsenfrüchte, vor allem Erbsen.

Tabelle 5: **Vitamin B_1 Gehalt in Fleisch und Wurst** in mg/100 g

Muskelfleisch, Schwein	0,9	Bockwurst	0,5
Rinderherz	0,53	Wiener Würstchen	0,1
Hühnerbrust	0,07	Fleischkäse	0,05

Quelle: Die große GU Nährwert-Kalorien-Tabelle 2014/15

Alkohol gehört zu den Gegenspielern des Thiamins. Er vermindert die Resorption des Vitamins aus dem Darm. Da der Körper es zum Abbau des Alkohols benötigt, zeigt sich schnell ein Mangel. Daher haben Alkoholiker oft Probleme mit Thiaminmangel. Ungünstig ist die Kombination Zucker und Alkohol wie in Likör, Alkoholpralinen etc., da beide Stoffe mit Hilfe von Thiamin abgebaut werden, das Vitamin in ihnen jedoch nicht enthalten ist und der Alkohol zusätzlich die Resorption von Thiamin aus anderen Lebensmittel behindert. Weitere Hemmstoffe befinden sich in rohem Fisch, Kaffee und Tee (schwarzer, grüner).

Bedarf und Empfehlungen

Thiamin kann vom Körper nicht gespeichert werden. Zuviel davon in der Nahrung oder durch Nahrungsergänzungsmittel wird über den Urin ausgeschieden. Es muss regelmäßig eine ausreichende Menge in der Nahrung vorhanden sein. Für erwachsene Männer lautet die Empfehlung täglich 1,2 mg, für Frauen 1,0 mg. Mit steigendem Alter wird weniger gebraucht, bei Kleinkindern und Schulkindern steigt der Bedarf langsam auf die Werte der Erwachsenen. Für Jugendliche gelten die höchsten Empfehlungen.

Eine Vollwertkost enthält genügend, bei einer Ernährung mit viel Weißmehlprodukten, Zucker und Süßigkeiten sowie regelmäßigem Genuss von Kaffee, Tee und Alkohol sind erste Unterversorgungen denkbar.

Vitamin B_1 in der Säuglingsernährung

Die Beikost-Richtlinie für Säuglings- und Kleinkindnahrung fordert einen Mindestgehalt an Thiamin. Da dieses Vitamin in Abhängigkeit vom Kohlenhydratgehalt der Nahrung gebraucht wird und täglich verzehrt werden sollte, kann solche Verfügung durchaus sinnvoll sein. Die Versorgung des Kindes wird gesichert, wenn es sich um intensiv verarbeitete Produkte handelt, bei denen das Vitamin vermindert wurde. Nun wurde der Mindestwert jedoch so hoch festgelegt, dass nicht einmal Naturprodukte mit hohem Thiamingehalt wie z.B. Haferflocken ihn erreichen können. Dies führt zu der Situation, dass sämtliche Getreidebeikost für Säuglinge und Kleinkinder bis zu drei Jahren künstlich Vitamin B_1 zugesetzt bekommt. Es betrifft Getreidebreie, Kekse, Kindernudeln etc. Dies widerspricht der Philosophie von Bio-Produkten, die natürlich und ohne Zusätze hergestellt werden sollen. Aus der Sicht der anthroposophischen Ernährung wird darauf hingewiesen, dass ein synthetisches Vitamin nicht das gleiche ist wie ein in der Pflanze entstandenes. Hinter der Vitaminbildung in der Pflanze stehen immer Kräfte, die über die Vitaminsubstanz in die Materie hineinwirken können. Synthetische Vitamine aus dem Labor sind Kristalle, die aus dem Leblosen kommen. Sie sind für ein kleines Kind schwer in seinen lebendigen Organismus zu integrieren und können eine Belastung darstellen. Daher bemüht sich die Demeter Bewegung im Rahmen des ELIANT Projektes seit längerem, den Mindestgehalt an

Thiamin zu senken. In dem Codex alimentarius, dem weltweit akzeptierten Lebensmittelbuch (ohne Gesetzeswirkung) wird ein halb so hoher Wert genannt. So lange es hier keine Veränderung gibt, müssen die Hersteller ihre Breie und andere Getreideprodukte für die Kleinkinder vitaminieren oder sie für eine andere Altersklasse anbieten.[9]

Vitamin B_1 - Info

	Wasserlöslich – nicht speicherbar
Andere Namen:	Thiamin
Entdeckt in:	Reiskleie
Empfindlich auf:	Sauerstoff, Hitze
Funktionen:	Coenzym, Kohlenhydrat-, Energiestoffwechsel, im Nervensystem
Hemmstoffe:	Alkohol, roher Fisch, Kaffee, schwarzer und grüner Tee
Tagesbedarf:	***Männer*** 15-25 Jahre 1,3 mg, 25-65 Jahre 1,2 mg, Ältere 1,1 mg - ***Frauen*** 15-65 Jahre 1 mg
Mangel:	Beri-Beri, Nervenentzündungen
Vorkommen:	Getreide, Brot, Schweinefleisch, Wurst, Nüsse, Hülsenfrüchte

Vitamin B_2 - das gelbe Vitamin

Das wasserlösliche Vitamin B_2 wurde zunächst als Wachstumsfaktor in Hefe entdeckt, dann 1933 aus Milch isoliert. Daher trägt es auch den Namen Laktoflavin (lakto = Milch). 1955 erhielt der schwedische Mediziner Axel Hugo Theorell für die Erforschung der Wirkung von Riboflavin im Oxidationsstoffwechsel den Nobelpreis.

Strukturformel von Vitamin B_2

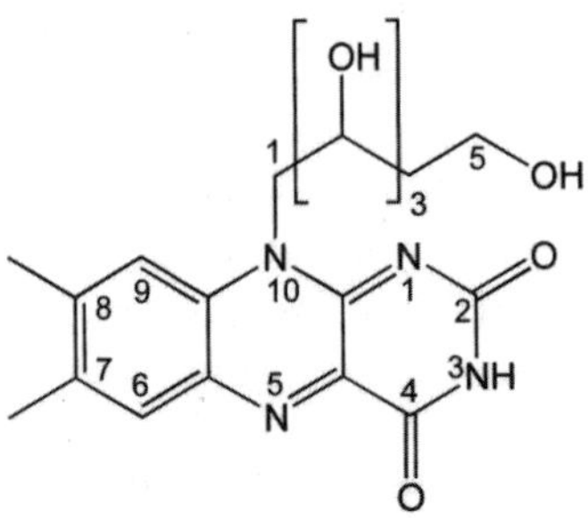

Riboflavin ist ein kompliziertes Ringmolekül. Eine Ringbildung, also eine geschlossene Raumstruktur ist ein Zeichen der Verinnerlichung wie auch die Farbigkeit, die bei der Pflanze in Blüte und Frucht auftritt. Vitamin B_2

9 Kühne, Petra: Thiamin in der Säuglingsnahrung „Merkurstab" 3/10, S. 267f.

findet sich in allen Naturreichen, bei Mikroorganismen, Pflanze, Tier und Mensch. Der Mensch kann es nicht selbst aufbauen, weshalb er auf die Zufuhr durch die Nahrung angewiesen ist. Vitamin B_2 hat eine zentrale Aufgabe in den Organen des Stoffwechsels, Wachstums und der Fortpflanzung. Es ist also mit den Lebensprozessen verbunden. So findet es sich bei Pflanzen im Samen und vor allem im Keim, beim Tier in der Leber, im Ei, der Milch sowie in Hefezellen.

Käse enthält viel Vitamin B_2 *Foto: AKE*

Aufgaben

Riboflavin verbindet sich im Stoffwechsel zum Coenzym FMN (Flavin-Mononukleotid). Es bildet mit dem Energieüberträger AMP (Adenosinmonophosphat) das Coenzym FAD (Flavin-Adenin-Dinukleotid), das zu den wichtigsten Wirkstoffen im Energiestoffwechsel der Atmungskette gehört. Dort wird die Lichtenergie aus der Nahrung gelöst. Ferner hat es Aufgaben im Kohlenhydrat-, Eiweiß- und Fettstoffwechsel, also allen Nährstoffveränderungen im Organismus. Die Coenzyme FMN und FAD werden wegen ihrer Farbe auch als „gelbe Fermente" bezeichnet. Riboflavin wird als gelber Lebensmittel-Farbstoff (E 101) eingesetzt.

Mangel an Riboflavin ist selten. Es treten dann Symptome wie Müdigkeit, Trägheit und vor allem Halsschmerzen, Entzündungen an Mund, Zunge und Lippen auf. Da der Vitamin B_2 Stoffwechsel eng mit Vitamin B_6, Niacin und Vitamin K verbunden ist, können bei Mangel auch diese Vitamine beeinträchtigt sein. Dann kann es zu der Vitaminmangelkrankheit Pellagra oder Blutarmut (Anämie) kommen.

Wo kommt Vitamin B_2 vor?

Die Versorgung in Deutschland mit Vitamin B_2 ist gut. Die Hauptquelle (über 35 %) sind Milch und Milchprodukte gefolgt von Fleisch und Brot. Nur einzelne Gemüsesorten wie Brokkoli enthalten etwas mehr, sonst ist es gering in Gemüse und Obst. In pflanzlichen Lebensmitteln liegt Riboflavin gebunden vor, so dass es schwerer verfügbar ist als aus tierischen. Lakto-Vegetarier sind durch Milch und Käse bestens versorgt, während Veganer mehr auf Samen wie Getreide, Hülsenfrüchte und Nüsse angewiesen sind. Man muss immer die Verzehrmenge bedenken. Sie liegt bei einem Becher Milch mit 150 ml bei 0,25 mg Vitamin B_2, einer Portion Haferflocken von 50 g bei 0,08 mg und bei 20 g Haselnüssen bei nur 0,01 mg.

Tabelle 6: **Vitamin B_2 Gehalt** in mg/100 g

Hoch > 0,2	Käse, Eier, Schafmilch, Seelachs, Muskelfleisch von Schwein, Rind, Huhn, Brokkoli, Haselnuss, Linsen, Sesam
Mittel 0,1-0,2	Milch, Lachs, Pastinake, Haferflocken, Vollkornbrot
Gering < 0,1	Weißbrot, Kohl, viele Früchte und Gemüse

Quelle: Die große GU Nährwert-Kalorien-Tabelle 2014/15

Die Aufnahme aus der Nahrung kann durch Darmerkrankungen, Alkoholgenuss oder Antibiotika beeinträchtigt werden. Bei der Zubereitung ist Riboflavin hitzestabiler als das empfindliche Vitamin B_1. Allerdings baut es sich bei Belichtung ab. Auch durch starkes Braten beim Fleisch entsteht ein Verlust bis zu 20 %.

Vitamin B_2 - Info

Wasserlöslich – nicht speicherbar

Andere Namen: Riboflavin, Laktoflavin
Entdeckt in: Eiern
Empfindlich auf: Licht, Hitze
Funktionen: Coenzym, Kohlenhydrat-, Fett- und Eiweißstoffwechsel, Wachstum, Fortpflanzung
Hemmstoffe: Alkohol, Antibiotika, Resorptionsstörung durch Darmerkrankungen
Tagesbedarf: *Männer* 19-51 Jahre 1,4 mg, Ältere 1,3 mg
Frauen 19-51 Jahre 1,1 mg, Ältere 1,0 mg
Mangel: Müdigkeit, Passivität, Entzündungen an Mund, Lippen, Zunge
Vorkommen: Käse, Eier, Leber, Fisch, Milch, Brokkoli, Nüsse

Niacin - Vitamin für die Energiereserven

Niacin, früher Vitamin B_3, wurde 1914 von dem Forscher Casimir Funk isoliert. Erst 1936 erkannte man seine Struktur. Wie so oft war eine Krankheit die Ursache für die Suche. Beim Niacin war es Pellagra.

Aufgaben

Niacin ist ein gemeinsamer Name für Nicotinamid und Nicotinsäure. Der Körper kann beide ineinander umwandeln. Sie haben nichts mit dem Nikotin in Tabak zu tun. Bei der chemischen Struktur handelt es sich um einen stickstoffhaltigen Ring, was auf eine Beziehung zum Seelischen (Innenraumbildung) und Eiweiß (stickstoffhaltiger Nährstoff) deutet. Eigentlich ist Niacin kein richtiges Vitamin, da der Körper es – entgegen der Definition – selbst aus einem Provitamin, der Aminosäure Tryptophan herstellen kann. Niacin wird in die Coenzyme NAD und NADP, Substanzen für die Energiespeicherung („Zellbatterien"), eingebaut. Damit ist es sehr wichtig für die Energiegewinnung aus Zucker (Glykolyse), Fett und Aminosäuren. Es wirkt zentral bei über 200 Stoffwechselprozessen mit. So ist es unerlässlich für den Glukosetoleranzfaktor, der die Wirkung des Insulins verstärkt. Auch an der Bildung von Neurotransmittern und bei der Aktivierung der Gene für die Eiweißbildung ist es beteiligt. Niacin wirkt mit anderen B-Vitaminen wie Vitamin B_6 zusammen.[10]

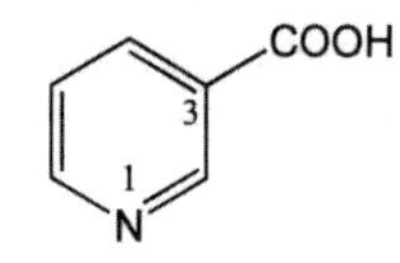

Nicotinsäure (Niacin)

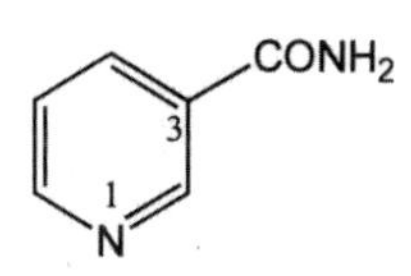

Nicotinamid (Niacinamid)

Pellagra, die Niacinmangelkrankheit zeigt sich in Dermatitis (Hautschäden), Durchfall und Dementia (Nervenveränderungen). Zuerst treten oft Appetit- und Schlaflosigkeit auf. Auffallend sind die Hautveränderungen, da die Bildung von Kollagen und Pigmenten mit Hilfe von Niacin geschieht. Im 18. Jh. trat Pellagra in südeuropäischen Ländern auf. Dies war eine Folge der vielen Maisernährung. Dieses Getreide kam aus der neuen Welt und verbreitete sich im klimatisch günstigen Mittelmeerraum. Erst später erkannte man, dass Mais zum einen

---

10 Elmadfa, I., Leitzmann, C. Ernährung des Menschen. 4. Aufl. Stuttgart 2004, S. 358 -374.

wenig Provitamin Tryptophan enthält, zum anderen das wenige Niacin gebunden ist, so dass der Körpers es nicht herauslösen kann. Warum kam Pellagra kaum in Mittelamerika, der Heimat der Maisernährung vor? Es lag an der traditionellen Verarbeitung der Maiskörner, die mit Kalkwasser gekocht wurden. Dieses basisch wirkende Mineral macht Niacin verfügbar. Pellagra ist auch in Gegenden Indiens, wo viel Sorghumhirse gegessen wird, bekannt. Eine weitere Ursache der Erkrankung ist neben einer einseitigen Kost fast immer Eiweißmangel, denn der Körper würde sonst Tryptophan zur Niacinbildung heranziehen. Pellagra tritt in Europa nicht mehr auf, nur Alkoholiker sind gefährdet.

Niacin ist eines der stabilsten Vitamine auch gegenüber Hitze, laugt aber aus, wenn Speisen lange in Wasser liegen. Wird das Einweichwasser weggeschüttet, fehlt das Vitamin.

Zuviel Niacin kann durch die Nahrung nicht aufgenommen werden. Der Bedarf liegt relativ hoch verglichen mit anderen Vitaminen. Dies erklärt sich aus der großen Bedeutung im Stoffwechsel. So werden für junge Erwachsene 12 mg täglich (Frauen) und 16 mg (Männer) empfohlen. Der Bedarf sinkt mit dem Alter.

Wo kommt Niacin vor?

Es findet sich in allen tierischen und pflanzlichen Lebensmitteln. Aus Fleisch oder Fisch kann es vollständig aufgenommen werden, bei den pflanzlichen Produkten gibt es Bindungen, die eine Verfügbarkeit von etwa 30 % erlauben. Dies kann durch Verarbeitung verbessert werden.

Tabelle 7: **Niacin-Gehalt** in mg/100 g

Hoch > 4	Erdnuss, Sardine, Kürbiskerne, Leber, Pfifferling, Makrele, Thunfisch, Lachs, Rindfleisch, Weizen, Reis, Gerste, Mandel, Schweinefleisch, Sesam
Mittel 2 - 4	Hafer, Buchweizen, Grünkohl, Linsen
Gering < 2	Hirse, Roggen, Mais, Kartoffel, Kichererbsen, Bier, Milch, Käse, Obst, Leinsamen, Haselnuss, Walnuss

Quelle: Die große GU Nährwert-Kalorien-Tabelle 2014/15

Versorgung

Hauptquelle für Niacin sind bei Männern Fleisch, Milchprodukte und Wurst gefolgt von Brot, Kaffee und Bier. Kaffee enthält viel Niacin und da er häufig getrunken wird, trägt er bei Frauen zu 10 % und bei Männern zu 7 % zur täglichen Versorgung bei. Bei Frauen stehen die Milchprodukte an erster Stelle, danach Fleisch, Brot und Kaffee sowie Geflügel. Milchprodukte enthalten wenig Niacin, aber es wird viel von dieser Lebensmittelgruppe verzehrt. Vegetarier werden über Milchprodukte, Vollkorngetreide, Hülsenfrüchte, Nüsse und Ölsaaten (Sonnenblumen-, Kürbiskerne) mit diesem Vitamin versorgt. Besonders reich an Niacin ist die Erdnuss sowie Fische wie Sardine oder Thunfisch, Rindfleisch, einige Nüsse und Samen.[11]

Selbst Kaffee enthält Niacin
Foto: AKE

Niacin - Info

	Wasserlöslich – nicht speicherbar
Andere Namen:	Nicotinamid, Nicotinsäure
Entdeckt in:	Leber
Empfindlich auf:	Auslaugung
Funktionen:	Kohlenhydrat-, Fett-, Eiweißstoffwechsel, Energiegewinnung, Glukosetoleranzfaktor, Coenzym
Hemmstoffe:	Alkohol, zu viel Mais, Sorghumhirse
Tagesbedarf:	*Männer* 25-65 Jahre 15 mg, Ältere 14 mg *Frauen* 25-51 Jahre 12 mg, Ältere 11 mg
Mangel:	Pellagra
Vorkommen:	Erdnuss, Sardine, Rindfleisch, Weizen, Reis

11 G. Mensink: Was essen wir heute? Beiträge zur Gesundheitsberichtserstattung des Bundes. Robert-Koch-Institut. Berlin 2002, S. 54-57.

Vitamin B_6 – Vitamin für das Eiweiß

Vitamin B_6 ist eine Sammelbezeichnung für mehrere verschiedene Substanzen, von denen Pyridoxin, Pyridoxal und Pyridoxamin die drei wichtigsten sind. Immer handelt es sich um einen stickstoffhaltigen Ring, der verschiedene Restverbindungen aufweist. Pyridoxin kommt vor allem in Pflanzen vor, während Pyridoxal und Pyridoxamin vermehrt in tierischen Lebensmitteln zu finden sind. Isoliert man Vitamin B_6 und konzentriert es, so bildet es farblose Kristalle aus. Kristalle gehören nicht mehr dem Lebensbereich an, d.h. das Vitamin hat eine Tendenz zur Verhärtung. Viele Vitamine lassen sich kristallisieren. Otto Wolff weist darauf hin, dass Vitamine kleine Kristalle bilden, die dem Leben noch näher stehen als große.[12] Aber ein Kristall ist eigentlich schon eine „tote", geordnete Substanz. Die Lebenskräfte, die Vitamine für ihr Wirken brauchen, gehören dagegen zum lebendigen Bereich.

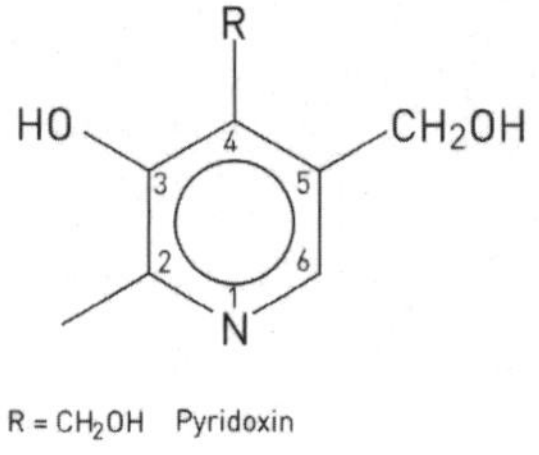

R = CH_2OH Pyridoxin

Strukturformel von Vitamin B_6

Aufgaben

Während Vitamin B_1 wichtig für den Kohlenhydratstoffwechsel ist, wird Vitamin B_6 für den Eiweißstoffwechsel, für Umwandlung und Abbau von Aminosäuren benötigt. Daher ist der Bedarf an Vitamin B_6 abhängig von der Eiweißaufnahme oder -verwertung im Körper. In etwa 100 Enzyme wird es eingebaut. Das wichtigste Enzym ist das Pyridoxalphosphat (PLP). Die Enzyme fördern den Stoffwechsel von Aminosäuren in Muskeln, im Hämoglobin des Blutes, im Immunsystem und sogar im Hormonstoffwechsel. Da dabei auch andere Vitamine aktiviert werden, hängt Vitamin B_6 eng zusammen mit Niacin, Vitamin B_{12} und Folsäure. Bei Mangel kann es auch zu Störungen der Niacinbildung kommen.

Vitamin B_6 unterstützt ein Enzym, das im Zuckerstoffwechsel wichtig ist (Glycogen-Phosphorylase). Bei zu wenig sinkt die Glukosetoleranz. Für die Steroidhormone (Östrogen, Androgen, Cortisol) hat Vitamin B_6

12 Otto Wolff: Grundlagen einer geisteswissenschaftlich erweiterten Biochemie. Stuttgart 1998, S. 81f.

eine abschwächende Wirkung. Für die Nerven besonders im Gehirn baut Vitamin B_6 mehrere Neurotransmitter wie Serotonin, Dopamin und Taurin mit auf. Vitamin B_6 heilt die Akrodynie, eine Krankheit, bei der Schmerzen in äußeren Körperteilen wie Nase, Kinn oder Fingern auftreten.

Bedarf

Der Bedarf an Vitamin B_6 unterscheidet sich nach Lebensalter und Geschlecht. Erwachsene Männer sollen täglich 1,5, im Alter 1,4 mg zu sich nehmen. Bei Frauen liegt der Bedarfswert etwas niedriger mit 1,2 mg. Der Bedarf wird abgeleitet vom durchschnittlichen Eiweißverzehr (0,02 mg pro g Eiweiß). Bei hohem Eiweißverzehr steigt er. Da Vitamin B_6 meist mit Eiweiß zusammen vorkommt, reguliert sich dies. Lediglich bei hoch verarbeiteten Eiweißprodukten z.B. für Fleischersatzprodukte, müssen andere Lebensmittel das Vitamin beisteuern.

Wo kommt Vitamin B_6 vor?

Die Hauptquellen für Vitamin B_6 sind in Deutschland Kartoffeln. Dies liegt nicht an einem besonders hohen Gehalt, sondern an der Verzehrmenge. Bei Männern tragen dann weiter Fleisch, Wurst, Brot und Obst zur Versorgung bei. Bei Frauen sind es nach den Kartoffeln Obst, Gemüse, Brot, Milchprodukte und erst dann Fleisch. Auch die Darmflora produziert etwas von diesem Vitamin.

Die Aufnahme an Vitamin B_6 beträgt in Deutschland täglich zwischen 1,6 und 2,5 mg. Damit ist eine gute Versorgung erreicht. Der Körperbestand liegt bei etwa 100 mg, dies entspricht einem Vorrat für 6 Wochen. Ein Mangel an Vitamin B_6 ist sehr selten. Es gab 1954 in den USA Fälle bei Säuglingen, wo bei der Fertignahrung die Zufügung dieses Vitamins vergessen wurde. Die Kinder litten unter Krämpfen, was durch Gaben von Vitamin B_6 geheilt werden konnte. Alkoholiker sind gefährdet von Mangel wie Menschen, die häufig Abnahmediäten durchführen. Mangel zeigt sich in Nervenentzündungen der Haut, Wachstumsstörungen, Infektanfälligkeit und Konzentrationsstörungen. Durch fehlende Neurotransmitter kann es zu Depressionen und in schweren Fällen sogar zu Krämpfen und Lähmungen kommen. Sie verschwinden durch Zufuhr von Vitamin $B_{6.}$ Umgekehrt heißt dies nicht, dass Depressionen mit Pyridoxin gebessert werden können. Dies trifft nur bei entsprechendem Mangel zu.

Ähnlich wie andere B-Vitamine ist Vitamin B_6 empfindlich gegenüber Erhitzen. Je höher die Temperatur, umso größer ist der Verlust. Konserven haben dementsprechend weniger. Auch Tiefkühlware zeigt bis zu 50 % weniger. Neben den Verlusten durch Hitze entsteht ein Verlust, wenn Teile des Lebensmittels entfernt werden wie die Randschichten bei hellem Mehl und bei Belichtung.

Viele Lebensmittel enthalten reichlich von diesem Vitamin. Besonders hohe Gehalte gibt es in einigen Fischen wie Lachs, ferner Rind- und Kalbfleisch wie auch in den Innereien dieser Tiere, in Hülsenfrüchten und Nüssen. Beim Getreide liegt Weizen vorn.

Tabelle 8: **Vitamin B_6 Gehalt** in mg/100 g

Hoch > 0,4	Weizenkeime, Lachs, Walnüsse, Kürbiskerne, Rinderleber, Avocado, Weizenvollkornmehl, Sonnenblumenkerne, Linsen, Kichererbsen
Mittel 0,1-0,4	Naturreis, Kartoffeln, Möhren, Roggenbrot, Bohnen (Samen), Bananen, Feldsalat
Gering < 0,1	Milch, Eier, Quark, Pilze, Obst

Quelle: Die große GU Nährwert-Kalorien-Tabelle 2014/15

Vitamin B_6 wird durch Alkohol gehemmt, auch durch Theophyllin und Coffein. Diese Substanzen sind in Kaffee, schwarzem und grünem Tee sowie Mate enthalten. Auch einige Medikamente wie Isomiazid (gegen TBC) oder Blutdrucksenker (Hydratazin) wirken als Gegenspieler.

Überdosierungen sind selten und traten nur durch Therapien mit sehr hohen Dosen auf. Symptome sind Taubheitsgefühl und Ameisenkribbeln. Ob durch therapeutische Vitaminmengen Erfolge gegen Karpaltunnelsyndrom, diabetische Neuropathien oder prämenstruelles Syndrom zu erreichen sind, ist umstritten. Besser wäre es, Lebensmittel mit natürlich hohem Vitamin B_6 Gehalt zu verzehren und insgesamt nicht zu viel Eiweiß zu sich zu nehmen.

Vitamin B_6 - Info	
	Wasserlöslich – nicht speicherbar
Andere Namen:	Pyridoxin, Pyridoxal, Pyridoxamin
Entdeckt in:	Reiskleie
Empfindlich auf:	Licht, Hitze
Funktionen:	Coenzym, Eiweißstoffwechsel, Aufbau von Neurotransmittern, Immunsystem
Hemmstoffe:	Alkohol, Kaffee, schwarzer und grüner Tee, Mate, Medikamente
Tagesbedarf:	*Männer* 19-65 Jahre 1,5 mg *Frauen* 15-65 Jahre 1,2 mg
Mangel:	Nervenentzündung, Wachstumsstörungen, Infektanfälligkeit
Vorkommen:	Weizenkeime, Lachs, Nüsse, Weizen, Leber, Hülsenfrüchte

Pantothensäure - das Hautvitamin

Dieses wasserlösliche B-Vitamin, früher als Vitamin B_5 bezeichnet, kennen viele nur aus der Kosmetik, wird es doch gegen Akne und Hautverletzungen empfohlen („Bepanthen"). Als Vitamin ist es wenig geläufig, obwohl der tägliche Bedarf mit 6 mg viel höher liegt als bei anderen B-Vitaminen. Der Name kommt vom griechischen „pantos", das „überall" bedeutet. Dies weist auf das Vorkommen dieses Vitamins hin, es ist tatsächlich häufig und in vielen Lebensmitteln zu finden.

$$HO{-}CH_2{-}C(CH_3)_2{-}CH(OH){-}C({=}O){-}NH{-}CH_2{-}CH_2{-}COOH$$

Pantothensäure

Aufgaben

Pantothensäure wurde erst 1931 entdeckt, viel später als andere Vitamine. Man erkannte diese Säure als Wuchsstoff für Hefezellen. Pantothensäure ist ein hellgelbes Öl, das jedoch wasserlöslich ist. Später fand man heraus, dass dieses Vitamin das wichtige Coenzym A mit bildet und maßgeblich am Fettsäureaufbau beteiligt ist. Dies erklärt seine Wirkung auf die Haut. Aber auch für viele andere Stoffwechselprozesse ist es nötig, so dass es eine zentrale Rolle im Organismus spielt. Es ist eine Substanz, die dem Lebendigen das Einwirken in den Körper ermöglicht. Einen weiteren Einfluss hat das Coenzym A im Nervensystem. Pantothensäure wird von allen grünen Pflanzen und vielen Mikroorganismen gebildet. Tiere und Menschen müssen es über die Nahrung aufnehmen. Pantothensäure wirkt mit anderen B-Vitaminen und Vitamin C zusammen. Bei diesem Vitamin ist selten ein Mangel zu beobachten. Die Symptome sind ähnlich unspezifisch wie bei Vitamin B_2 mit Müdigkeit, allgemeiner Abgeschlagenheit und Schlaflosigkeit. Früher wurde das „burning-feet-Symptom" (brennende Füße) mit Mangel an Pantothensäure in Verbindung gebracht wie auch Lähmungserscheinungen. Oft zeigt sich dann auch Mangel an anderen B-Vitaminen, so dass eine isolierte Ursache nicht auszumachen ist. Gefährdete Bevölkerungsgruppen sind Alkoholiker, Dialysepatienten und Schwangere bei einseitiger Ernährung.

Wo kommt Pantothensäure vor?

Die Versorgung mit Pantothensäure in Deutschland erfolgt durch Milch und Milchprodukte (über 20 %), gefolgt von Brot, Gemüse und Kartoffeln, bei Männern Fleisch und bei Frauen Obst. Innereien, vor allem Leber enthalten viel Pantothensäure, die Verzehrsmenge ist aber gering.

Tabelle 9: **Pantothensäure Gehalt** in mg/100 g

Hoch > 2	Leber, Champignon, Urdbohne, Eigelb, Erdnuss
Mittel 1-2	Haselnuss, Weizen, Haferflocken, Reis, Brokkoli, Melone, Erbsen, getr. Linsen, Edelschimmelkäse, Forelle, Haselnuss, Cashewkerne
Gering < 1	Hering, Milch, Rind-, Schweinefleisch

Quelle: Die große GU Nährwert-Kalorien-Tabelle 2014/15

Da Pantothensäure wasserlöslich ist, kann sie beim Kochen von Gemüse ins Wasser auslaugen. Daher sollte das Kochwasser von vornherein knapp bemessen und mit verwendet werden. Sie ist außerdem hitzeempfindlich. Langes Kochen, Braten (Fleisch) vermindert dieses Vitamin bis auf die Hälfte des Ausgangswertes. Zum Erhalt empfiehlt sich schonendes Dünsten und Dämpfen.

Pantothensäure - Info	
	Wasserlöslich – nicht speicherbar
Andere Namen:	Vitamin B_5
Entdeckt in:	Leber
Empfindlich auf:	Auslaugung, Hitze, Säure
Funktionen:	Coenzym A, Stoffwechsel, Nerven
Hemmstoffe:	Alkohol
Tagesbedarf:	6 mg
Mangel:	Müdigkeit, Schlaflosigkeit, bei Dialysepatienten
Vorkommen:	Innereien, Pilze, Linsen, Reis, Weizen

Folsäure - das Wachstumsvitamin

Die Folsäure wurde als letztes Vitamin 1941 entdeckt. Davor wusste man aus Beobachtungen im Stoffwechsel, dass es noch ein B-Vitamin geben musste, das Anämie (Blutarmut) verhindern konnte. Der Name Folsäure bezieht sich auf das Blatt (folium), wo dieses Vitamin vorkommt, früher nannte man es auch Vitamin B_9, B_{11} oder Vitamin M. Diese Namen sind nicht mehr gebräuchlich. Im Gegensatz zum ebenfalls im Blatt vorkommenden Vitamin K_1 (Phyllochinon) ist Folsäure wasserlöslich. Sie weist eine komplizierte stickstoffhaltige Ringstruktur auf. Zur Folsäure gehört eine ganze Vitamingruppe. Die biologisch aktivste Form ist die Tetrahydrofolsäure (THT), die anderen Formen weisen geringere Wirksamkeit auf.

Folsäure

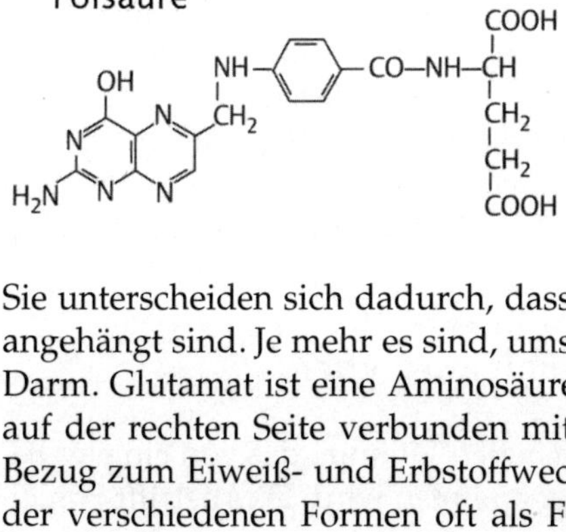

Sie unterscheiden sich dadurch, dass verschiedene Glutamatmoleküle angehängt sind. Je mehr es sind, umso schlechter ist die Resorption im Darm. Glutamat ist eine Aminosäure, in der Abbildung sieht man sie auf der rechten Seite verbunden mit dem Ring. Dies weist auf einen Bezug zum Eiweiß- und Erbstoffwechsel hin. Folsäure wird aufgrund der verschiedenen Formen oft als Folsäure*äquivalente* aufgeführt. Sie werden durchschnittlich zu 50 % resorbiert. Die synthetische Folsäure kommt natürlich nicht vor. Sie hat einen höheren Wirkungsgrad und wird für Nahrungsergänzungsmittel eingesetzt. Es fragt sich, ob es günstig ist, eine Substanz zu verwenden, die natürlich nicht vorkommt, aber stärker wirkt. In den USA, wo Folsäureanreicherung bei verschiedenen Lebensmitteln üblich ist, geriet sie in Verdacht, bei älteren Menschen, bei denen nur wenig Wachstumsvorgänge stattfinden (der Körper wird erhalten, wächst aber nicht), Krebs zu begünstigen.

Aufgaben

Folsäure ist Bestandteil eines Coenzyms und damit am wichtigen Methyl- und Eiweißstoffwechsel beteiligt. Auch für Prozesse an der Erbsubstanz wird Folsäure benötigt. Daher nimmt sie eine grundlegende Stellung besonders für den wachsenden Organismus ein.

Da Folsäure an dem Energiestoffwechsel beteiligt ist, wird bei Mangel das Wachstum beeinträchtigt. Bei Schwangeren begünstigt ein Mangel in den ersten Wochen das Auftreten von Neuralrohrdefekten beim Embryo. Daher soll bereits vor der Zeugung bis zur 6. Woche der Schwangerschaft auf ausreichend Folsäure geachtet werden. Die Verwertung von Folsäure wird durch Medikamente wie Kontrazeptiva („Anti-Baby-Pille"), Sulfonamide, Antikrampfmittel sowie Alkohol und Rauchen verschlechtert.

Folsäure wirkt zusammen mit Vitamin B_{12}. Ein Mangel daran kann durch zu hohe Gaben von Folsäure maskiert werden. Daher sollte immer geklärt werden, falls synthetische Folsäure eingenommen wird, ob die Vitamin B_{12} Versorgung ausreichend ist. Ziegenmilch enthält im Vergleich zu anderen Tiermilcharten und Muttermilch sehr wenig Folsäure. Deshalb wird zu einem Ersatz durch Ziegenmilch bei sehr kleinen Säuglingen, die noch keine Beikost enthalten, nur bei Allergien und mit Ausgleich der Folsäureversorgung geraten (z.B. fertige Säuglingsnahrung auf Ziegenmilchbasis).

Wo kommt Folsäure vor?

Folsäure ist neben Vitamin D das einzige Vitamin, das von einigen Bevölkerungsgruppen zu wenig aufgenommen wird. Dies betrifft Frauen im gebärfähigen Alter, die bei einer möglichen Schwangerschaft ausreichend mit Folsäure versorgt werden sollen. Dies ist durchaus zu erreichen, wenn man Gemüse und Vollkornprodukte bevorzugt. Hauptquelle sind Milch und Milchprodukte, gefolgt von Gemüse und Brot. Bei den Gemüsearten sind vor allem die Blattgemüse Brokkoli, Endivie oder Spinat zu nennen. Regelmäßiger Verzehr von grünem Blattgemüse (alle Salate, Kohlarten, Spinat) hilft somit ausreichend Folsäure aufzunehmen. Bei den Männern tragen Fruchtsäfte und Bier zur Versorgung mit Folsäure bei, Frauen konsumieren diese Lebensmittelgruppen in viel geringerer Weise.

Tabelle 10: **Folsäuregehalt** in µg/100 g

Hoch > 200	Weizenkeime, Kichererbsen, Bohnen, Leber
Mittel 100-200	Salat, Brokkoli, Roggen, grüne Erbsen, Porree, Spargel, Spinat, Linsen, Erdnuss
Gering < 100	Haferflocken, Weizen, Käse, Milch, Obst, Fisch, Fleisch, Nüsse

Quelle: Die große GU Nährwert-Kalorien-Tabelle 2014/15

Folsäure ist sehr empfindlich gegenüber Wärme, Licht, Sauerstoff und Metallkontakt. Längere Lagerung sowie Kochen mindert den Folsäuregehalt von Gemüse erheblich. Eine gute Versorgung erreicht man, wenn man täglich einen rohen Salat oder Rohkost verzehrt.

Die Empfehlungen an Nahrungsfolsäure (Folsäureäquivalente) wurden 2013 auf 300 µg für Erwachsene gesenkt.

Folsäure - Info

	Wasserlöslich – nicht speicherbar
Andere Namen:	Vitamin B_9, Vitamin B_{11}
Entdeckt in:	Leber
Empfindlich auf:	Hitze, Säure, Licht, Metall
Funktionen:	Coenzym, Wachstum, Energiestoffwechsel
Hemmstoffe:	Alkohol, Dialysepatienten
Tagesbedarf:	300 µg
Mangel:	Neuralrohrdefekte (beim Embryo)
Vorkommen:	alle grünen Gemüse, Nüsse, Weizen

Biotin - Vitamin für Haut und Haar

Dieses wasserlösliche B-Vitamin wurde früher als Vitamin H (wie Haut) oder Vitamin B_7 bezeichnet. Es gehört zu den schwefelhaltigen Vitaminen wie Thiamin und hat einen Bezug zum Eiweißstoffwechsel sowie Haut und Haaren. Im menschlichen Stoffwechsel ist Biotin an eine schwefelhaltige Aminosäure, das Cystin gebunden. Als B-Vitamin ist es ein Bestandteil von Enzymen, die im Fettstoffsäurewechsel, dem Kohlenhydrataufbau und Wachstumsprozessen mitwirken. Biotin wurde in Hefe und Innereien entdeckt.[13]

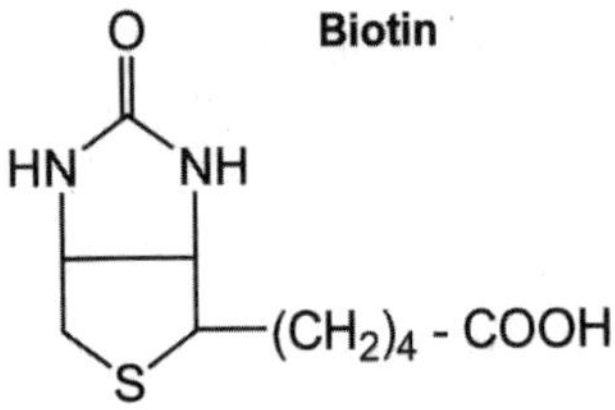

Bei Biotinmangel treten Hautschäden, Haarausfall und allgemeine Symptome wie Müdigkeit, Konzentrationsschwäche und Appetitlosigkeit auf. Auch Nervenstörungen können die Folge sein. Biotinmangel ist selten, Alkoholiker sind gefährdet.

Wo kommt Biotin vor?

Die Versorgung in Deutschland erfolgt zu einem großen Teil über Milch und Milchprodukte sowie Brot und Gemüse, obwohl diese Lebensmittel nicht viel Biotin enthalten. Fleisch und Wurst spielen eine geringe Rolle. Innereien sind reich an diesem Vitamin. Allerdings ist die Verzehrmenge von Leber, Niere und anderen sehr gering. Besonders zu erwähnen sind Erdnüsse, die relativ viel Biotin enthalten. Rohe Eier hemmen durch das enthaltene Avidin das Vitamin. Gekochte Eier, in denen das Avidin zerstört ist, sind dagegen eine gute Biotinquelle.

Tabelle 11: **Biotingehalt** in µg/100 g

Hoch > 20	Leber, Erdnuss, Eier, Haferflocken
Mittel 10-20	Reis, Champignons, Avocado
Gering < 10	Gemüse, Fisch, Muskelfleisch, Milch, Käse, Brot

Quelle: Souci, Fachmann, Kraut: Die Zusammensetzung der Lebensmittel. Stuttgart 2000

13 Elmadfa, I., Leitzmann, C. Die Ernährung des Menschen. 4. Aufl. 2004, S. 397-405

Empfehlungen

Von Biotin gibt es nur Schätzwerte, da kein genauer Bedarf zu ermitteln war. Erwachsenen werden täglich 30-60 µg Biotin empfohlen, also eine sehr kleine Menge (ein Mikrogramm = ein millionstel Gramm).

Biotin ist relativ stabil gegenüber Hitze, so dass Verluste durch Garen gering bleiben. Nur Licht (UV Strahlen) zerstören teilweise dieses Vitamin. Allerdings kann durch Verarbeitung Biotin verloren gehen. So sieht man an der Tabelle, dass Weißmehl und polierter Reis viel weniger von dem Vitamin enthalten als das volle Korn.

Biotin - Info	
	Wasserlöslich – nicht speicherbar
Andere Namen:	Vitamin B_7, Vitamin H
Entdeckt in:	Leber
Empfindlich auf:	Licht
Funktionen:	Enzymbestandteil, Fett-, Kohlenhydratstoffwechsel, Wachstumsprozesse
Hemmstoffe:	rohe Eier
Tagesbedarf:	30-60 µg
Mangel:	Müdigkeit, Hautschäden, Haarausfall
Vorkommen:	Erdnüsse, Brot, Hülsenfrüchte, Innereien, Spinat

Vitamin B_{12} - Cobalamin

Im 19. Jahrhundert war eine Form der Blutarmut gefürchtet: die perniziöse (gefährliche) Anämie. Bei ihr waren die roten Blutkörperchen vermindert, die vorhandenen sehr groß und überladen mit rotem Blutfarbstoff, dem Hämoglobin. Es kam zu Müdigkeit, Leistungsabfall, Herzrasen und endete früher oft tödlich. Auch Tiere konnten daran erkranken. Als Forscher 1926 kranke Hunde durch Füttern mit roher Leber von dieser Krankheit heilten, war die Begeisterung groß. Die Antiperniziöse-Substanz wurde als Vitamin erkannt. Erkrankte erhielten als Therapie gegen die Anämie täglich Leberspeisen, was ihnen das Leben rettete.

Vitamin B_{12} passt nicht in die Ordnung der anderen Vitamine. Mensch und Tier benötigen es in winziger Menge, die einer homöopathischen Dosis entspricht. Fehlt es, treten gravierende Mängel auf. Dazu kommt, dass der Körper verschiedene Substanzen bereitstellen muss, damit das Vitamin B_{12} überhaupt aufgenommen werden kann. Dann ist es noch so kompliziert, dass es erst ganz am Ende des Dünndarms ins Blut resorbiert werden kann.

Aufgaben

Vitamin B_{12} oder Cobalamin zählt zu der Gruppe der B-Vitamine, unterscheidet sich aber von ihnen. So ist es wasserlöslich wie die anderen B-Vitamine, kann aber wie die fettlöslichen Vitamine gespeichert werden. Ein voller Speicher Vitamin B_{12} reicht für mindestens 2 Jahre, manche sprechen sogar von 5-10 Jahren. Ein noch größerer Unterschied zu den anderen B-Vitaminen ergibt sich durch seine chemische Struktur. So ist es ein Amin wie das Thiamin (Vitamin B_1), hat aber eine sehr komplexe Struktur, die dem Blutfarbstoff Hämoglobin ähnelt. Wie Hämoglobin ist Vitamin B_{12} fest mit einem Metall verbunden. Das ist Kobalt, ein Eisenverwandter. Beim Blutfarbstoff ist Eisen das Zentralatom, beim Blattgrün der Pflanzen, dem Chlorophyll, ist es Magnesium. Eisen ist im Blut ein Träger der Bewusstseinskräfte, die ein geistiges Licht darstellen. Magnesium verdichtet in der Blattzelle das Licht zur Substanz in der Photosynthese, Kobalt steht zwischen den beiden, schützt vor dem sichtbaren Licht und bewahrt das Innere. So hilft Vitamin B_{12} beim Aufbau der Blutzellen, damit das Hämoglobin darin geschützt ist.[14]

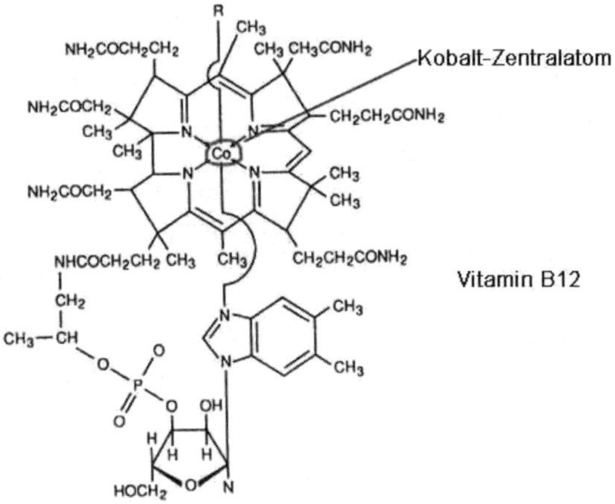

Kobalt-Zentralatom

Vitamin B12

14 Wolff, Otto: S. 229f.

Hämoglobin	Blutfarbstoff	Eisen	rot
Chlorophyll	Blattfarbstoff	Magnesium	grün
Cobalamin	Vitamin B_{12}	Kobalt	blaurot

Kobalt ist magnetisch wie Eisen, hat also eine Ausrichtung auf die Erde, Magnesium als Leichtmetall eher zum Kosmos. Allerdings ist Kobalt härter als Eisen und selten. Es schützt als Edelmetall Eisen vor der Oxidation, d. h. dem Irdisch werden, da es stabil gegenüber Sauerstoff ist. Es steht somit dem Kosmos näher. Kobalt ist ein Komplexbildner, der unterschiedliche Raumstrukturen (Isomere) ausbilden kann. Dies bedeutet, dass bei Vitamin B_{12} Isomere mit verschiedener Wirkung vorkommen. Solche Vitamin B_{12}-Analoga zeigen aber oft keine Wirksamkeit im Körper oder behindern sogar das eigentliche Vitamin. Im menschlichen Organismus findet man Kobalt fast ausschließlich in Vitamin B_{12} und in zwei weiteren Enzymen. Es ist ein Spurenelement. Tiere wie Rinder erhalten oft Kobalt als Futterzusatz, damit die Pansenbakterien Vitamin B_{12} bilden können.

Wo stammt Vitamin B_{12} her?

Vitamin B_{12} wird ausschließlich von Mikroorganismen hergestellt. Weder Pflanzen, Tiere, noch der Mensch sind fähig zur Synthese. Allerdings benötigen es Mensch und Tier. Nach Aufnahme können sie es in Leber und Muskeln anreichern. Daher war die Fütterung mit roher Leber auch so erfolgreich bei der Heilung der perniziösen Anämie. Muscheln und Austern enthalten viel Vitamin B_{12}, bei den Fischen Hering und Makrele. Die Tiere nehmen Vitamin B_{12} durch das Futter auf, Pflanzenfresser durch anhaftende Mikroorganismen, Wiederkäuer zusätzlich durch ihre Pansenbakterien. Bei Mensch und Tier produziert die Mund- und Darmflora etwas Vitamin B_{12}, das wenig resorbiert werden kann. Das Vitamin B_{12} der Darmbakterien im Dickdarm wird mit dem

Milchprodukte und Käse enthalten Vitamin B_{12} *Foto: AKE*

Stuhl ausgeschieden. Es gelangt mit dem Kot in den Boden. Etliche Tiere fressen Kot, wodurch sie auch dieses Vitamin aufnehmen. Die Mistdüngung bringt ebenfalls Vitamin B_{12} in den Boden, wo Pflanzen es erhalten. Ausschließliche Mineraldüngung liefert kein Vitamin B_{12}.

Tabelle 12: **Vitamin B_{12} Gehalt** in µg/100 g

Rinderleber	65,0	Rinderfilet	2,0
Schweineleber	39,0	Salami	1,4
Auster	15,0	Schweineschnitzel	1,0
Hering	8,5	Magerquark	0,9
Emmentaler Käse	3,1	Kuhmilch	0,4

Quelle: Die große GU Nährwert-Kalorien-Tabelle 2014/15

Hülsenfrüchte, die mit Knöllchenbakterien heranwachsen, enthalten kleine Mengen durch anhaftende Reste. Auch Wurzelgemüse kann durch Kontakt mit Erde und Bodenlebewesen wenig Vitamin B_{12} enthalten. Gleiches gilt für Blattpflanzen mit haariger (Borretsch) oder krauser Oberfläche (krause Petersilie), von denen immer wieder ein Vitamin B_{12} Gehalt gemeldet wird. Dies kann von anhaftenden Mikroorganismen stammen. Ebenso tragen mit Bakterien fermentierte Produkte wie milchsaure Gemüse, Säfte, Brottrunk, oder Sauermilch etwas zu einer Vitamin B_{12} Versorgung bei.

In Eiern findet sich Vitamin B_{12}
Foto: AKE

Bekannt ist das Beispiel von Indern, die trotz veganer Ernährung in Indien keine Vitamin B_{12} Unterversorgung hatten, nach der Auswanderung nach England mit der dortigen veganen Kost jedoch Mangel ausbildeten. Als Ursache wurde die Hygiene ausgemacht, das heißt, es fehlten anhaftende mikrobielle und tierische Zellen (z.B. von Insekten) mit etwas Vitamin B_{12}. Es kann natürlich nicht angestrebt sein, dass Veganer ungewaschene Nahrung bevorzugen sollen. Aber sicherlich ist es bedenkenswert, dass die zunehmende Hygiene in der Ernährung und Lebensmittelgewinnung auch diesen unbeabsichtigten Nebeneffekt haben kann. Die Hauptquelle für Vegetarier sind Milch und Milchprodukte einschließlich Käse. Bei ihnen ist damit kein Mangel durch die Nahrung zu erwarten.

Veganer weisen oft auf den Vitamin B_{12} Gehalt in fermentierten Lebensmitteln hin. Durch die Tätigkeit von Bakterien – nicht durch Pilze wie Hefe – bildet sich etwas Vitamin $B_{12.}$ Diese Werte schwanken je nach Veröffentlichung, so dass man skeptisch sein muss. Dies liegt teilweise an unwirksamen Analoga. Einen Einfluss auf den Vitamin B_{12}-Gehalt der Lebensmittel hat die Verarbeitung. Traditionelle Verfahren, die Mikroorganismen Zeit zur Tätigkeit lassen, sind vorzuziehen. Ersatz von Fermentation durch enzymatischen Aufschluss führt zu keinem Vitamin B_{12}. Dazu tritt, dass die Vitamin B_{12}-Bildung bei den Bakterienarten unterschiedlich ist. Propionbakterien oder bestimmte Streptomyces bilden viel Vitamin B_{12}, man nutzt sie auch zur industriellen Produktion.

Wirkung von Vitamin B_{12}

Vitamin B_{12} allein ist nicht wirksam. Es muss vom Pepsin im Magen gespalten und mit einem speziellen Eiweiß des Magens, dem Intrinsic factor verbunden werden. Durch Mitwirkung von Enzymen der Bauchspeicheldrüse und Calcium wird Vitamin B_{12} so verändert, dass es im unteren Dünndarmabschnitt ins Blut aufgenommen werden kann. Dies zeigt die Faktoren, die zusammenwirken müssen: Magenkranke oder ältere Menschen, die zu wenig Magensäure oder zu wenig Intrinsic factor bilden, können das Vitamin B_{12} der Nahrung nicht aufnehmen.

Mangel an Enzymen im Darm und an Calcium führt ebenfalls zu Störungen. Es zeigte sich, dass Menschen mit perniziöser Anämie oftmals gar kein Nahrungsvitamin B_{12} fehlte, sondern dass die inneren Faktoren – meist die Bildung des intrinsic faktors gestört waren. Hier hilft nur die hohe Zufuhr an Vitamin B_{12} durch Tabletten, die das Vitamin quasi „hineindrücken" (passive Diffusion) oder eine Vitamin B_{12}-Spritze direkt ins Blut unter Umgehung des Verdauungssystems. Vitamin B_{12} ist somit ein Anreger, Aktivator. Ohne Reaktion des Organismus kann er keine Wirkung entfalten.[15]

Der Körperbestand ist mit 2-5 mg denkbar gering. Die Speicher befin-

15 Elmadfa, I., Leitzmann, C. Die Ernährung des Menschen. 4. Aufl. 2004, S. 390-397

den sich in der Leber und Muskulatur. Auch in den Nieren ist mehr Vitamin B_{12}. Der tägliche Bedarf liegt am niedrigsten von allen Vitaminen. 3 µg pro Tag sind 0,000003 g, eine winzige Menge. Hier sieht man, dass die Substanz kaum noch vorhanden ist, es wirken die Lebenskräfte.

Im Stoffwechsel ist Vitamin B_{12} in allen drei Bereichen des Menschen tätig: im Blut (Rhythmisches System), im Stoffwechsel-Gliedmaßen-System (Verdauung, Zellstoffwechsel, Bewegung) und Nerven-Sinnes-System. Vitamin B_{12} ist bei der Bildung des Myelins in Nervenzellen und bei der Bildung von roten Blutkörperchen im Knochenmark beteiligt wie auch bei dem Aufbau der Erbsubstanz (DNA) zusammen mit der Folsäure.

Ein Mangel an diesem Vitamin betrifft den ganzen Menschen: die perniziöse Anämie das Blut, Symptome wie Taubheit, Lähmungen oder Beeinträchtigungen des Gedächtnisses das Nervensystem. Deutlich ist die Beziehung zum Bewusstsein – auch dadurch, dass zwei Sinne, der Gleichgewichts- und Tastsinn eingeschränkt werden. Beide ermöglichen eine Orientierung im Raum.

Da Vitamin B_{12} notwendig zur Aktivierung des Vitamins Folsäure ist, gibt es bei Mangel an Vitamin B_{12} auch solchen an Folsäure. Dies führt zu einem Anstieg des Homocysteinspiegels im Blut mit der Gefahr von sklerotischen Ablagerungen (Risikofaktor von Arteriosklerose).

Tabelle 13: **Symptome eines Vitamin B_{12} Mangels**

Blut	perniziöse Anämie mit Müdigkeit, nachlassender Konzentrationsfähigkeit, Kurzatmigkeit, Blutgerinnungsstörungen
Stoffwechsel-System	Entzündungen von Mundschleimhaut und Verdauungstrakt, raue Zunge, Verstopfung, mangelnder Appetit, bei Kindern verlangsamtes Wachstum, kleine Körpergröße
Nerven-Sinnes-System	*Sinne:* Kribbeln, Taubheit an Händen und Füßen bis Verlust des Tastsinns, Gleichgewichtsstörungen mit torkelndem Gang. *Nerven, Gehirn:* Verwirrung, Gedächtnisstörungen, Depression, bei Kindern irreversible Nervenschäden

Vitamin B_{12} Mangel in der Nahrung ist selten. Häufig nehmen Menschen genügend Vitamin B_{12} zu sich, bilden aber zu wenig Intrinsic factor, Magensäure oder Enzyme des Darms. Dies betrifft alte Menschen, Magenkranke, Menschen mit Darmerkrankungen wie Colitis, Zöliakie, Alkoholmissbrauch, nach Darmoperationen oder bei Lebererkrankungen, die die Speicherung des Vitamins verhindern. Es bleibt eine kleine Gruppe von vegan lebenden Menschen, die zu wenig Vitamin B_{12} in der Nahrung haben. Dabei sind vor allem Kinder betroffen, auch gestillte Babys, wenn die Mutter sich länger als 2 Jahre vegan ernährt oder bereits mehrere Kinder gestillt hat (Erschöpfung des Speichers der Mutter) und keine Ergänzung zu sich genommen hat. Besondere Probleme mit Vitamin B_{12} können sich bei gestillten Kindern veganer Mütter zeigen, wenn Magen-Darmprobleme (verminderter Intrinsic factor oder mangelnde Resorption) dazu treten. So ist Vitamin B_{12} ein wichtiges Vitamin, aber ein Mangel durch Nahrung ist recht selten. Bedeutender sind die inneren Faktoren, die das Nahrungsvitamin erst aktivieren und resorbieren helfen. Lediglich Veganer müssen sich um eine ausreichende Versorgung kümmern, da die Hauptquelle an diesem Vitamin bei den tierischen Lebensmitteln liegt. Vegetarier, die Milch und evtl. Eier essen, haben keine Probleme mit der Zufuhr von Vitamin B_{12} in der Nahrung.

Vitamin B_{12} - Info

	Wasserlöslich – speicherbar
Andere Namen:	Cobalamin
Entdeckt in:	Leber
Empfindlich auf:	Sauerstoff, Licht
Funktionen:	Aufbau von Blutkörperchen, Nerven
Hemmstoffe:	-
Tagesbedarf:	3 µg
Mangel:	perniziöse Anämie, Nervenstörungen, Wachstumsverzögerung beim Kind
Vorkommen:	Fleisch, Fisch, Eier, Milch, -produkte, Sauerkraut

Vitamin C - das bekannteste Antioxidans

Vitamin C ist wohl das bekannteste der Vitamine. Es wurde zusammen mit Vitamin B_1 bereits 1912 entdeckt. Ihm werden viele ernährungsphysiologische und zunehmend präventive Eigenschaften vor etlichen Krankheiten zugeordnet. Oftmals wird Vitamin C synonym für alle Vitamine gemeint, wenn z.B. Obst als vitaminreich bezeichnet wird.

Was bedeutet Antioxidans?

Vitamin C oder Ascorbinsäure gehört zu den antioxidativen Vitaminen neben Vitamin A und E. Es ist das einzige wasserlösliche antioxidative Vitamin, die beiden anderen sind fettlöslich. Daher hat es auch Aufgaben im wässrigen Milieu des Stoffwechsels. Isoliert ist Ascorbinsäure ein weißes, säuerlich schmeckendes Pulver. Antioxidativ bedeutet, dass Vitamin C für Substanzen wie Hormone den schädlich wirkenden Sauerstoff (das Oxid) abfängt, also selbst oxidiert und so deren Oxidation verhindert. Das ist eine „selbstlose" Aufgabe, denn die Hormone oder Enzyme werden in ihrer Funktionsfähigkeit geschützt. Aus der L-Ascorbinsäure wird die L-Dehydro-Ascorbinsäure (Abbildung), die zwei eigene Wasserstoffmoleküle (oben am 5-er Ring) mit dem zu neutralisierenden Sauerstoff („freie Radikale") abgibt, so dass er zu unschädlichem Wasser wird. Das oxidierte Vitamin C (die L-Dehydro-Asccorbinsäure) wird dann mit Hilfe von Energie wieder reduziert, d.h. Wasserstoff angelagert, so dass erneut ein funktionsfähiges Vitamin C entsteht. Die Energie stammt von anderen körpereigenen Redoxsystemen, aber letztlich aus der Nahrung und damit von der Sonne. Es ist umgewandelte Lichtenergie. Diese „kosmische" Energie aktiviert Vitamin C wieder in seiner Funktion. Oxidation bedeutet Verbindung mit Sauerstoff, dem häufigsten Element der Erde. Oxidieren ist also ein irdisch Werden und bedeutet zugleich das Ende eines Prozesses. Oxide

Vitamin C

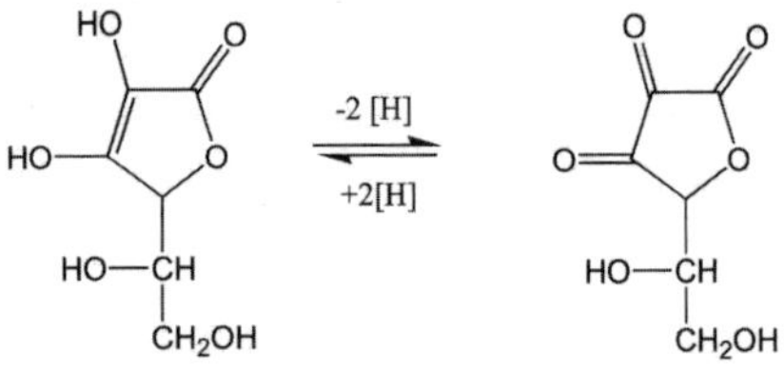

L-Ascorbinsäure ⇌ (-2 [H] / +2[H]) L-Dehydroascorbinsäure

sind meist stabil oder verlieren die ursprüngliche Fähigkeit zur Aktivität. Das Gegenteil der Oxidation ist die Reduktion, wobei Wasserstoff angelagert (oder Sauerstoff abgegeben) wird. Wasserstoff ist das kosmischste Element, kommt in der höchsten Schicht der Erdatmosphäre vor, welche die Erde vom Kosmos abgrenzt (Thermosphäre). Man kann die Reduktion als kosmischen Prozess ansehen, der die Möglichkeit der Aktivität erhöht. Vitamin C erhält den empfindlichen Substanzen im wässrigen Milieu daher ihre Aktivität, in dem es selber oxidiert. Es wird aber auch leichter regeneriert als beispielsweise das geschützte Hormon.

Man kann Vitamin C als die stoffliche Grundlage für aufbauende Lebensprozesse ansehen. Demnach wirken die Lebenskräfte über dieses Vitamin. Daher zeigen sich auch beim Verzehr von Vitamin C haltigen Lebensmitteln bessere Wirkungen als von isoliertem Ascorbinsäurepulver. Rudolf Hauschka hat Vitamin C als Träger von Licht- und Luftprozessen angesehen.

Aufgaben

Vitamin C wird sowohl in der Zelle, als auch in extrazellulären Flüssigkeiten benötigt. Es schützt in den Zellen die Erbsubstanz (DNA) und Eiweiße, auch die Retina des Auges vor Oxidation. Wichtig ist seine Aufgabe für die Metall-Ionen Eisen und Kupfer, die wiederum verschiedenste Enzyme aktivieren. Heute entdeckt man immer mehr Details, über die Wirksamkeit von Vitamin C wie bei dem Kollagenaufbau in Binde- und Stützgewebe, in den Neurotransmittern von Gehirn und Nerven, bei Aufbau und Aktivierung von Hormonen (z.B. Wachstumshormon), dem Schutz der Zellmembranen, Stabilisierung der Vitamine Folsäure und E (Tocopherol), Modulierung des Immunsystems. Es hat möglicherweise sogar krebsvorbeugende Eigenschaften. Im Menschen sind 11 % des gesamten Vitamin C im Gehirn, obwohl dieses nur 2,3 % des Körpers ausmacht. Dies verdeutlicht, wie wichtig es für die Funktionsfähigkeit der Neurotransmitter ist. Der gesamte Körperbestand wird auf 1,5-3 g geschätzt – je nach Versorgungsgrad. Ferner ist viel Vitamin C in den Muskeln, wo es auch als Speicher für den Körper fungiert. Weiterhin trifft man dieses Vitamin in der Leber, den Hormondrüsen (Hypophyse, Nebenniere, Bauchspeicheldrüse) und der Augenlinse an. Vitamin C verbessert die Eisenresorption im Darm.

Diese vielfältigen Aufgaben im Körper lassen vermuten, dass bei einem Mangel deutliche Symptome auftreten werden. Die schon im Altertum bekannte Mangelkrankheit Skorbut (= Scharbock) wird auf Vitamin C Mangel zurückgeführt. Da der Kollagenaufbau gestört ist, was auch die Wände der Adern und Arterien betrifft, kommt es bei Skorbut zu Blutungen unter der Haut, im Zahnfleisch, bei den inneren Organen, schlimmstenfalls sogar im Auge. Ödeme (Wassereinlagerungen) und Gelenkschmerzen treten auf. Skorbut kann zum Tod führen. Zum Glück ist diese schwere Vitaminmangelkrankheit heute in Europa so gut wie unbekannt. Leichter Vitamin C Mangel äußert sich in unspezifischen Symptomen wie Müdigkeit, erhöhter Infektanfälligkeit, schlechter Wundheilung und allgemeiner Schwäche. Durch die große Bedeutung für das Gehirn treten bei Mangel auch neurologische und seelische Symptome wie Stimmungsschwankungen bis hin zu Depression und Hysterie auf.

Ebereschenbeeren (gekocht) waren früher auch ein Mittel gegen Skorbut *Foto: AKE*

Zuviel Vitamin C tritt nur bei sehr hohen Dosen von Nahrungsergänzungsmitteln auf. Dabei bilden sich Nierensteine. Dies liegt daran, dass zu viel Vitamin C vom Organismus zur Oxalsäure abgebaut wird, die wiederum die Steinbildung begünstigt [16].

Vorkommen

Schon früher kannte man die heilende Wirkung von Zitronen (in Südeuropa), Sauerkraut, Kompott von Ebereschenbeeren oder Frühlingskräutern wie Scharbockskraut gegen den gefürchteten Skorbut. Diese Mangelkrankheit trat bei einseitiger Ernährung ohne frisches Gemüse und Obst auf, entweder in besonderen Situationen wie auf monatelangen Seefahrten ohne Landgang oder in Gefangenenlagern mit dürftiger Verpflegung wie auch im späten Winter, wenn die konservierten Ge-

16 Elmadfa, I., Leitzmann, C. Die Ernährung des Menschen. 4. Aufl. 2004, S. 380-390, 405-415

müse aufgegessen und noch keine frischen Kräuter gewachsen waren. Dies verbesserte sich mit der Verbreitung der Kartoffel, die im Vorfrühling zwar nach langer Lagerzeit auch einen reduzierten Vitamin C Gehalt hat, aber trotzdem noch mehr als Getreide oder Brot aufweist.

Vitamin C ist vor allem in pflanzlichen Lebensmitteln enthalten und zwar in Wurzeln, Blatt-Stängel-Gemüse und Früchten, jedoch kaum in Samen. Dies ist erklärlich, da Vitamin C vor allen im Stoffwechsel wirkt und die Samen sich in einer Ruhephase befinden, während im Blatt die größte Aktivität der Pflanzen vorliegt. Den höchsten Vitamin C Gehalt haben Wildbeeren wie Sanddorn, Acerolakirsche und Hagebutte, beim Kulturobst schwarze Johannisbeere, Erdbeere sowie Zitrone, Orange und Kiwi. Ebenfalls sind Grünkohl und Brokkoli sowie weitere Kohlarten reich an diesem antioxidativem Vitamin und die Gemüsefrucht Paprika, die mehr als den doppelten Gehalt wie Zitronen aufweist.

Tabelle 14: **Vitamin C Gehalt** mg/100 g

Hoch > 50	Acerolakirsche, Sanddorn, Hagebutte, Eberesche, Zitrusfrüchte, Brokkoli, Grün-, Blumen- und Rosenkohl, schwarze Johannisbeere, Erdbeeren, Gartenkresse, Spinat
Mittel 10-50	Äpfel, Tomaten, Kohl, Bananen, Bohnen, Pflaumen, Pfirsiche, Kartoffeln
Gering < 5	Fleisch, Fisch, Milch, Eier, Kopfsalat

Quelle: Die große GU Nährwert-Kalorien-Tabelle 2014/15

In tierischen Lebensmitteln findet sich weniger Vitamin C, mittlere Gehalte sind in Innereien wie Leber, Hirn und Lunge enthalten. Milch und Eier sind arm an Vitamin C. Schaf- und Muttermilch haben etwas mehr davon (4 mg) als Kuh- und Ziegenmilch (2 mg), aber insgesamt wenig. Ihre höhere Verzehrmenge steuert dennoch etwas zur Versorgung bei.

Vitamin C als Zusatzstoff

Vitamin C ist zudem ein weit verbreiteter Zusatzstoff, der aus technologischen Gründen in vielen Lebensmittelgruppen eingesetzt werden darf wie für Obst- und Gemüsekonserven, tiefgefrorene oder getrocknete Kartoffelprodukte, Fruchtsäfte und -nektare, Konfitüren, Fleisch- und Wurstwaren, Brot und Backwaren sowie Bier und Wein. Er wird dann mit der Nummer E 300 bezeichnet. Ebenfalls zugelassen sind die Salze der Ascorbinsäure E 301, E 302 und E 304. Man nutzt die Ascorbinsäure, weil sie die Bräunung von Obst, Gemüse oder geschälten Kartoffeln verhindert. Daher wird sie oft in Apfelsaft, Kartoffelpüreepulver etc. eingesetzt. Da sie zusammen mit Nitritpökelsalz die Rotfärbung von Fleisch- und Wurstwaren fördert und gleichzeitig die giftige Nitritbildung hemmt, findet sie sich auch in manchen Wurstsorten. Dies muss man bedenken, wenn in Nährstofftabellen bei Vitamin C armer Wurst ein höherer Wert auftaucht. Da Vitamin C die Kleber von Backwaren stabilisiert, findet man E 300 oft in Backwaren und Broten besonders bei Dinkel, der über einen schwächeren Kleber verfügt als Weizen. Dies ist auch für Bio-Backwaren erlaubt. Demeter lässt Ascorbinsäure nicht zu, dafür kommen Zutaten mit hohem Vitamin C Gehalt wie Acerolakirschpulver zum Einsatz. Auch Wein und Bier werden mit Ascorbinsäure stabilisiert und angesäuert. Das synthetische Vitamin C kann chemisch hergestellt werden, da es sich um eine einfache Verbindung handelt. Es kommen aber auch gentechnische Verfahren zum Einsatz. Letztere Verfahren sind für Bio-Lebensmittel nicht zulässig.

Damit der Verbraucher nicht über das aus technologischen Gründen zugesetzte Vitamin C getäuscht wird, müssen solche Zusätze als „Ascorbinsäure" (und nicht Vitamin C) deklariert werden. Es gibt aber Produkte, wo dieses Vitamin zur Erhöhung des Vitamingehaltes zugesetzt wird. Dies sind dann ernährungsphysiologische oder diätetische Gründe wie z.B. bei Multivitaminsaft. Hier darf „Vitamin C" deklariert werden. Dies ist etwas verwirrend für Verbraucher. Trotzdem sollte man immer bedenken, dass ein künstlicher Zusatz anders zu bewerten ist, als wenn das Vitamin im Lebensprozess der Pflanze gebildet wurde und somit in Wechselwirkung mit den anderen Substanzen und Lebenskräften steht.

Versorgung

Die Vitamin C Aufnahme ist in Mitteleuropa weitgehend ausgeglichen. Hauptsächlich tragen Gemüse, Obst und Säfte dazu bei, ebenso die Kartoffel. Es gibt hierbei kaum Unterschiede bei Männern und Frauen, nur dass Kartoffeln bei Männern eine größere Rolle spielen, bei Frauen dafür die Kohlgemüse. Bei den Berechnungen aus Verzehrstudien muss man große Schwankungen berücksichtigen, denn der Vitamin C Gehalt ist je nach Obst- und Gemüsesorte sowie nach Lagerzeit unterschiedlich. So kann ein zu warm gelagertes Frischobst nach einigen Tagen weniger Vitamin C aufweisen als eine sofort eingekochte Obstkonserve.

Empfehlungen

Für Erwachsene werden täglich ca. 100 mg Vitamin C Zufuhr empfohlen (Männer 110, Frauen 95 mg). Dieser Wert beinhaltet nicht nur den ernährungsphysiologischen (nutritiven) Bedarf, sondern auch einen krankheitsvorbeugenden Zuschlag. Diese Werte wurden von der Deutschen Gesellschaft für Ernährung im März 2015 geändert. In den neunziger Jahren des letzten Jahrhunderts untersuchte man intensiver die präventive Wirkung der antioxidativen Vitamine. Studien deuteten darauf hin, dass bei Arteriosklerose, bestimmten Krebsarten, entzündlichen Gelenkerkrankungen, Netzhautablösung (Makuladegeneration) sowie Augenlinsentrübung Vitamin C eine vorbeugende Wirkung entfalten könnte. Dies geschieht wahrscheinlich zusammen mit den beiden anderen antioxidativen Vitaminen sowie einigen Mineralstoffen wie Zink oder Selen. Diese Wirkungen sind bisher nicht gesichert. Der Vitamin C Bedarf steigt durch starke körperliche Belastung, Sport, Dauerstress, Alkohol und vor allem Rauchen an. Auch bei Infekten, Diabetes oder Dialysepatienten ist er erhöht.

Vielfach wurden aufgrund dieser Erkenntnisse Vitamin C Nahrungsergänzungsmittel empfohlen. Dies ist umstritten. Wer Obst, Gemüse oder Säfte zu sich nimmt, braucht sich um die Vitamin C Versorgung keine Gedanken zu machen. In diesen Lebensmitteln sind zudem weitere Vitamine, Mineralstoffe und sekundäre Pflanzenstoffe, die die Wirksamkeit verbessern. Für manche Menschen, die kaum Obst und Gemüse essen, sind Kartoffeln die Hauptquelle. Aber selbst Wurstwaren tragen noch zu 6 % und Milchprodukte zu 3-4 % der Versorgung bei, obwohl beide wenig Vitamin C enthalten. Bei geringer Menge steigt die Resorption vom Darm ins Blut auf über 90 %, bei Megadosen sinkt sie unter 10 %. [17]

17 Ernährungsbericht 2012. Hrsg. DGE. Bonn 2012, S. 72

Tabelle 15: **Vitamin C Gehalt nach Verarbeitung** in mg/100 g

Brokkoli	115	Tomaten (roh)	25
Brokkoli gekocht	90	Tomaten (Dose)	17
Spinat (roh)	51	Tomatenmark	9
Spinat (tiefgefroren)	29	Ketschup	2

Quelle: Die große GU Nährwert-Kalorien-Tabelle 2014/15

Vitamin C ist das instabilste Vitamin und sehr empfindlich gegenüber Hitze und Licht. Beim Kochen, Lagern und Konservieren treten Verluste bis zu 80 % auf (s. Tabelle 15). Auch Metallspuren können es leicht inaktivieren. Bei schonendem Dünsten oder Dämpfen bleiben die Verluste unter 30 %.

Bei der Verarbeitung muss man bedenken, dass z.B. bei der Saftherstellung der Trester zurückbleibt. Dies ist je nach Obstsorte verschieden. Backpulver oder Natron (zum schnelleren Garen zugesetzt oder in Kuchen) schädigen Vitamin C durch die Erhöhung des pH Wertes ins basische Milieu. Ganz ungünstig ist längeres Warmhalten von Gemüsegerichten. Besser ist es, sie kühl zu stellen und bei Bedarf wieder zu erhitzen. Gegenspieler von Vitamin C ist die Salicylsäure, ein Konservierungsmittel. Auch Medikamente wie Sulfonamide und orale Kontrazeptiva vermindern die Bioverfügbarkeit von Vitamin C.

Vitamin C - Info

Wasserlöslich – antioxidativ – geringe Mengen speicherbar

Andere Namen: L-Ascorbinsäure , L-Dehydro-Ascorbinsäure
Entdeckt in: Zitronen
Empfindlich auf: Hitze und Licht
Funktionen: Antioxidans, Regeneration von Vitamin E, Eisenresorption im Darm, gegen Nitrosaminbildung, Aufbau von Substanzen und Hormonen
Tagesbedarf: *Männer* 15-65 Jahre 110 mg, ***Frauen*** 95 mg
Mangel: Skorbut
Vorkommen: Gemüse (Kohl, Kresse, Spinat, grüne Bohnen), Obst (Hagebutte, Sanddorn, Acerola, Zitrusfrüchte, schwarze Johannisbeere)

Die fettlöslichen Vitamine

Vitamin A und ß-Carotin

Wie viele andere Vitamine wurde auch dieses durch die Suche nach der Ursache einer Mangelkrankheit entdeckt, die Nachtblindheit. Dieses Augenleiden war bereits im alten Ägypten bekannt und konnte durch die damaligen Ärzte mit Gabe von Lebergerichten geheilt werden. Dieses Wissen hielt sich in der Antike. Im 20. Jh. deutete man dann die Nachtblindheit als Ernährungsmangel und suchte nach dem unbekannten „Vitamin", das man in Fischöl (Lebertran) fand. 1930 erkannten Wissenschaftler, dass es in pflanzlichen Lebensmitteln eine Vorstufe des Vitamin A gibt, das ß-Carotin.

Vitamin A

CH_2OH

Der chemische Name dieses Vitamins ist Retinol. Wie bei etlichen anderen Vitaminen gibt es weitere Formen dieser Substanz wie Retinal oder Retinylester, die in die aktive Form umgewandelt werden können. Das zeigt wiederum, dass die dahinterstehenden Lebenskräfte über mehrere Substanzen wirken. Die Vorstufe von Vitamin A, das Provitamin ß-Carotin entsteht in Pflanzen und kann im Stoffwechsel – mit Hilfe eines Enzyms – oxidiert und damit zum Retinal umgewandelt werden. Die Pflanze produziert kein Vitamin A, nur Carotine und die verwandten Carotinoide. Diese pflanzlichen Provitamine sind dem Licht näher, kosmischer als das im Tier gebildete Vitamin A. In Tabellen werden die verschiedenen Formen und ß-Carotin gemäß ihrer Wirksamkeit als Retinol-Äquivalente zusammengefasst. Prof. Werner Schuphan

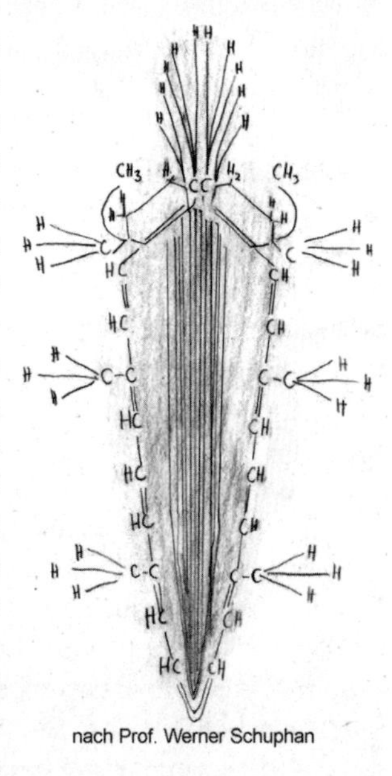

nach Prof. Werner Schuphan

(1908-1978), Gründer und Leiter der Bundesanstalt für Qualitätsforschung pflanzlicher Erzeugnisse stellte in seinem Forschungsbericht 1971 das ß-Carotin in Form einer Möhre dar (Bild). Dies zeigt einmal, dass das Provitamin in besonders großer Menge in der Möhre vorkommt, aber auch, dass Carotin der Möhre eine Bedeutung im ganzheitlichen Sinn verleiht.

Aufgaben

Vitamin A hat bei Mensch und höheren Tieren die Aufgabe, Licht wahrzunehmen und innerlich umzuwandeln. So vermittelt es vielfach zwischen dem inneren Körper und der Umwelt, wirkt also in den Grenzgebieten. Am bekanntesten ist seine Funktion in der Retina des Auges, wo es Bestandteil des Sehpurpurs (Rhodopsin) ist. Mit ihm nehmen wir Licht und Farben wahr und bauen durch die Wahrnehmung Vitamin A ab. Es muss dann wieder neu ergänzt werden. Bei Mangel an Vitamin A kommt es zu verringerter Sehschärfe, Veränderung der Lichtempfindlichkeit, Nachtblindheit bis zur vollkommenen Blindheit. Das Auge kann das Licht nicht mehr aufnehmen und umwandeln. Auch für Riechen, Hören und Schmecken ist Vitamin A wichtig. Ebenso findet es sich im Grenzbereich Haut. Dort schützt es den Körper vor Austrocknung, zu viel Sonne und Licht, indem es für die angemessene Feuchtigkeit und Verhornung sorgt. In etlichen Hautsalben ist deshalb Vitamin A enthalten. Ähnliche Schutzfunktion übt Vitamin A an den inneren Schleimhäuten des Verdauungssystems und der Fortpflanzungsorgane aus. Auch hier geht es um die Feuchtigkeit und den Immunschutz, aber auch Wachstum und vor allem Reifung (z.B. von Eizellen und Spermien). Weitere Aufgaben sind die Reifung von roten Blutkörperchen und der Knochenaufbau. Bei letzterem wirken Vitamin A und D zusammen.

Interessant ist seine Aufgabe bei der Bildung und Aktivierung von Hormonen. Diese Botenstoffe des Körpers setzen Umwelteinflüsse, die über die Sinne aufgenommen werden („kosmische Ernährung") im Körper um. Dies sind z.B. Licht- und Wärmeenergie der Sonne, die der Körper verwandelt. Vermittler sind die Hormone. Hier ist nun Vitamin A an mehreren Prozessen beteiligt: Schilddrüse (Thyroxin) oder Nebennierenrinde (Cortison, Sexualhormone). In den Zellen ist Vitamin A an der Zelldifferenzierung beteiligt. Dadurch hemmt es das Zellwachstum.

Die Umwandlung in spezialisierte Zellen wird gefördert und damit der innere Organisationsgrad. So kann ein Krebswachstum im Anfangsstadium durch Vitamin A gehemmt werden. Man hoffte, durch hohe Gaben von ß-Carotin krebsvorbeugend zu wirken. Allerdings zeigte sich, dass synthetisches ß-Carotin gerade bei Rauchern genau das Gegenteil bewirkte. Eine Zellentartung wurde befördert.

Versorgung

Bei Mangel treten zuerst schuppige, trockene Haut sowie Sehstörungen auf. Nachtblindheit zeigt sich bei größerem Mangel. Diesen gibt es in Europa so gut wie nicht mehr. In Ländern mit unzureichender Ernährung sind besonders Kinder, die sich im Wachstum befinden und höheren Bedarf haben, gefährdet. Hier fehlt es oft an Gemüse und Kräutern, die ß-Carotin enthalten oder Innereien (vor allem Leber) in der Nahrung, die genügend von diesem Vitamin zuführen könnten.

Bataten sind reich an ß-Carotin *Foto: AKE*

Eine Überversorgung kann auftreten, da der Körper dieses fettlösliche Vitamin speichert. Als Symptome treten dann zuerst Kopfschmerzen und Übelkeit auf. Allerdings erreicht man dies nicht durch übliche Nahrung. Zuviel Obst und Gemüse mit ihrem ß-Carotin Gehalt führt nicht zur Überversorgung, da der Körper dieses Provitamin dann gar nicht umwandelt, sondern ablagert z.B. in der Haut (Möhrenfarbe beim Baby mit hohem Verzehr von Möhrenbrei). Allenfalls kann der massive Verzehr von täglichen Leberspeisen kombiniert mit Lebertran oder Vitamin A über Nahrungsergänzungsmittel eine akute Überversorgung ergeben. Schwangeren werden im ersten Schwangerschaftsdrittel keine Leberspeisen empfohlen, um dem Kind nicht zu schaden. Es gibt einige Hemmstoffe, welche die Vitamin A Verwertung stören oder zu schnellerem Abbau führen. Dies sind Rauchen, Alkohol, Cholesterinsenkende Mittel, Abführ- sowie Schlafmittel.

Die Versorgung in Deutschland ist nach Erhebungen der Nationalen Verzehrstudie ausreichend. Wie im 12. Ernährungsbericht der Bundesregierung zu lesen ist, wird der Vitamin A Bedarf zu fast einem Drittel über Fleisch und Wurstwaren gedeckt, ein weiteres Drittel steuern Gemüse sowie Milch und Milcherzeugnisse bei, das letzte Drittel setzt sich aus Butter, pflanzlichen Fetten, Backwaren, Eiern und Obst zusammen. Dies gilt für Männer. Bei Frauen stellt das Gemüse die wichtigste Quelle gefolgt von Fleisch und Wurstwaren, Milch und Milcherzeugnissen, Backwaren, Obst, Butter und pflanzlichen Fetten dar. Auch wenn der Anteil der Vitamin A Versorgung gerade bei Männern so intensiv über Fleisch und Wurst erfolgt, kann auch bei vegetarischer oder sogar veganer Ernährung ausreichend Vitamin A durch ß-Carotin (Gemüse, Obst) aufgenommen werden.

Butter enthält Vitamin A *Foto: AKE*

Vorkommen

Vitamin A selber kommt nur in tierischen Produkten vor allem Innereien, aber auch Butter, Fleisch, einigen fetten Fischarten vor. ß-Carotin ist in rotem, orangefarbenem und dunkelgrünem Gemüse und Obst vorhanden, besonders viel in Möhren, Hagebutte oder Süßkartoffeln. Unraffiniertes Palmöl enthält ß-Carotin, was an der roten Farbe des Öls zu erkennen ist. Durch das Raffinieren wird es entfernt. Allerdings benötigen wir zur Vitamin A Versorgung kein Palmöl, das oftmals in wenig nachhaltiger Weise in tropischen Gegenden erzeugt wird. Beim Getreide ist ß-Carotin in Mais, Einkorn und Roggen enthalten. Bei Milch und Milchprodukten ist das Vitamin A im Milchfett vorhanden, fettarme Milchprodukte enthalten so gut wie nichts davon. Je mehr Grün- und Weidefutter die Kühe bekommen, umso höher ist auch der Anteil an ß-Carotin im Milchfett. Margarine wird oft ß-Carotin oder Vitamin A neben Vitamin E und D synthetisch zugesetzt, um sie vor Ranzigkeit (Oxidation) zu schützen.

Vitamin A kann durch Einwirkung von Licht und Hitze zerstört werden. Daher kann langes Kochen die Mengen verringern. Auch intensive

Konservierung in Dosen führt zu Vitaminverlusten. Allerdings nimmt der Mensch das fettlösliche ß-Carotin mehr aus gekochten Möhren auf als aus rohen, da die Zellwände bereits „angeknackt“ sind.

Es gibt die Empfehlung zu rohen Möhren immer etwas Fett oder Öl aufzunehmen. Dies ist differenziert zu sehen. Da Fett länger im Magen und Darm verweilt als andere Nahrungsbestandteile ist z.B. die Butter vom Frühstücksbrot noch vorhanden, wenn wenige Stunden später eine rohe Möhre geknabbert wird. Isst man allerdings an einem Tag nur Rohkost, so wären einige fetthaltige Nüsse ideal, um die Aufnahme der fettlöslichen Vitamine zu verbessern.

Tabelle 16: **Vitamin A Gehalt*** in mg/100 g

Hoch > 0,5	Lebertran, Leber, Möhren, Süßkartoffeln, getr. Aprikosen, Feldsalat, Eigelb, Hagebutte, Honigmelone, Brennnessel, Grünkohl, Spinat, Fenchel, Mangold, Butter, Palmöl
Mittel 0,1-0,5	Nieren, Käse, Roggen, Butter, Aprikosen, Mango, Tomate, Endivie, Chicorée, Kresse, Pfifferling, Sahne, Mais, Paprika
Gering < 0,1	Milch, Joghurt, Fische wie Forelle, Lachs, Rosenkohl, Mandarine, Kiwi, Hülsenfrüchte, Nüsse

*in Retinol-Äquivalenten
Quelle: Die große GU Nährwert-Kalorien-Tabelle 2014/15

Empfehlungen

Empfohlen werden für Jungen und Männer von: 13-19 Jahren 1,1 mg, 19-65 Jahren 1,0 mg, für Mädchen und Frauen ab 15-19 Jahre 0,9 mg, ab 19 Jahren 0,8 mg.

Die Empfehlungen werden weitgehend erreicht. Es wäre zu wünschen, dass die Vitamin A Versorgung mehr durch Gemüse und Obst erfolgt als durch Fleisch und Wurstwaren. Dies wäre nachhaltiger und für den Menschen gesünder, da in Obst und Gemüse noch viele andere wertvolle Inhaltsstoffe zu finden sind.

Vitamin A - Info	
Fettlöslich – antioxidativ - speicherbar	
Weitere Formen:	Retinol, Retinal, Retinylester, Provitamin A (ß-Carotin)
Entdeckt in:	Fischleberöl
Empfindlich auf:	Licht und Hitze
Funktionen:	im Sehvorgang, für Wachstum, Zelldifferenzieung, im Immunsystem, Hormonproduktion (Testosteron, Schilddrüse, Nebennierenrinde)
Hemmstoffe:	Rauchen, Alkohol, Cholesterinsenkende Mittel, Abführmittel, Schlafmittel
Tagesbedarf:	*Männer* bis 19 Jahre 1,1 mg , über 19 Jahre 1,0 mg *Frauen* 15-19 Jahre 0,9 mg, ab 19 Jahren 0,8 mg
Mangel:	Trockenheit der Haut, Haare, Augen, Nachtblindheit, verringerte Sehschärfe, erhöhte Lichtempfindlichkeit, Schleimhautveränderungen
Vorkommen:	*Vitamin A:* Lebertran, Leber, Eigelb, Nieren, Käse, Butter, Fleisch *ß-Carotin:* Möhren, Süßkartoffeln, grüne Salate und Gemüse, Obst

Vitamin D - ein Hormon

Auch Vitamin D wurde über eine Vitaminmangelkrankheit entdeckt, die Rachitis. Aber die Beziehung zur Ernährung war komplizierter als bei anderen Vitaminen. So konnte eine ähnliche Ernährung je nach Wohnort die Krankheit auslösen oder nicht. Kinder aus armen Verhältnissen in den Städten waren häufiger betroffen als Landkinder oder Kinder von reicheren Eltern. So vermutete man lange verschiedenste Faktoren. Heute weiß man, dass Vitamin D sowohl vom Menschen selbst durch Aufnahme von Sonnenlicht als auch durch die Ernährung zugeführt werden kann. Diese Möglichkeit der Eigensynthese widerspricht der Definition von Vitaminen, weshalb Vitamin D eigentlich ein Hormon ist. Es wurde jedoch nie umbenannt. Die Versorgung mit Vitamin D ist umso besser je mehr Licht der Mensch erhält. Dies ist in den Tropen und Subtropen mehr als in den nördlichen Ländern bzw. auf der

Südhalbkugel der Erde den ganz südlichen Ländern der Fall. In Skandinavien und Island war Rachitis eine gefürchtete Kinderkrankheit in den Wintern. Daher wurde in diesen Gebieten der Erde immer auf eine bessere Versorgung durch die Nahrung geachtet. Das wichtigste Vorbeugungsmittel war viele Jahrzehnte der Lebertran der Fische.

Die verschiedenen D-Vitamine

Vitamin D ist eine Sammelbezeichnung für verschiedene Substanzen. Am wichtigsten sind das aus tierischen Lebensmitteln stammende Cholecalciferol (Vitamin D_3) und das Ergocalciferol (Vitamin D_2). Beide können aus ihren Vorstufen (Provitaminen) durch Licht aktiviert werden. Daneben gibt es einige weitere Vitamin D-ähnliche Substanzen (Analoga), die jedoch nur geringe biologische Wirksamkeit aufweisen. Vitamin D ist ein fettlösliches Vitamin, das im Organismus gespeichert werden kann. Dies ist auch notwendig, denn im Sommer kann der Körper durch die Sonneneinstrahlung vermehrt Vitamin D bilden, das dann im Winter aufgebraucht wird. Das ist besonders für die Menschen in den gemäßigten und subpolaren Gebieten wichtig. Wirksam sind dabei die UVB-Strahlen.

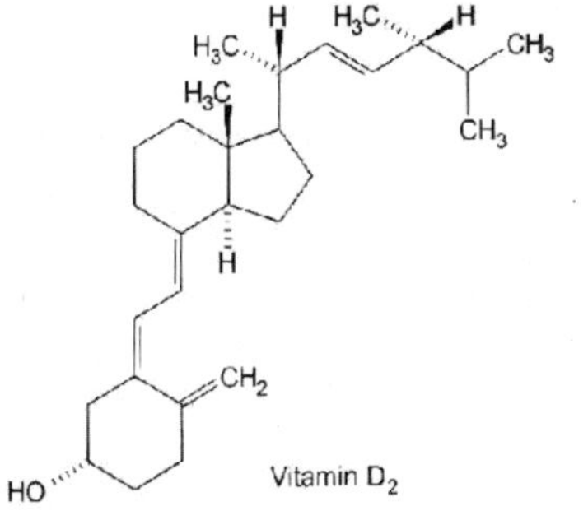

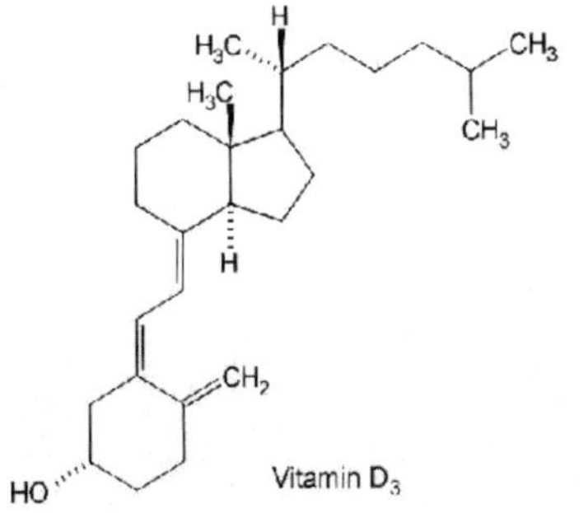

Vitamin D regelt im Mineralhaushalt das Gleichgewicht von Calcium und Phosphor. So steigert sich durch Vitamin D die Aufnahme von Calcium aus der Nahrung vom Darm und gleichzeitig wird die Abgabe über Niere und Urin begrenzt. Damit unterstützt Vitamin D zusammen mit anderen Faktoren (z.B. Vitamin K_2) die Mineralisierung der Knochen. Nach neueren Erkenntnissen wirkt es aufbauend auf die Haut, beim Immunsystem, dem Herzen und schließlich dem Muskel bzw. dem Eiweißbau.

Versorgung

Vitamin D-Mangel führt zu einer Störung der Knochenmineralisierung. Bei Kindern nennt man diese Krankheit Rachitis. Knochenverbiegungen sind die Folge. Die schlecht mineralisierten Knochen tragen das Körpergewicht nicht mehr (O-Beine), es kommt zum eingefallenen Brustkorb (Rosenkranz). Beim Erwachsenen heißt die Mangelkrankheit Osteomalazie, es treten vermehrt Brüche und Schmerzen in den Knochen auf. Dies ist von Osteoporose zu unterscheiden, bei ihr gehen die organischen (Eiweiß) Strukturen und Minerale zurück, bei der Osteomalazie nur die mineralischen Anteile. Der Muskelmasserückgang beim alten Menschen wird auch teilweise auf mangelhafte Vitamin D-Versorgung zurückgeführt. Sie führt zur verfrühten Pflegebedürftigkeit und vermehrten Stürzen.

Zuviel Vitamin D kann nicht durch zu viel Sonne oder Lebensmittel mit natürlichen Vitamin D-Gehalt erfolgen, nur durch Supplemente (Tabletten, Nahrungsergänzung). Zu viel Vitamin D führt ebenfalls zur Entkalkung der Knochen, vermehrtem Calciumverlust über Niere und Urin und zudem zu einer Calciumeinlagerung in Blutgefäße und Organe. Von daher ist bei der Vitamin D-Zufuhr unbedingt eine Obergrenze einzuhalten. Nach der EFSA (Europäische Lebensmittelbehörde) gelten bis zu 50 µg täglich für Erwachsene als tolerabel, die Gesundheitsbehörden der USA lassen die doppelte Menge zu.

Vitamin D im Körper entsteht zu 80-90 % aus der Eigensynthese der Haut nach Sonnenbelichtung. Nur 10-20 % stammen aus der Nahrung. Aufgrund der Nationalen Verzehrstudie II, die 2005-06 erhoben wurde, liegt die tägliche Nahrungszufuhr an Vitamin D bei Männern bei etwa 3 µg, bei Frauen bei 2,2. Da die Hauptmenge erst im Körper produziert wird, ist es sinnvoll, den Vitamin D-Bestand dort zu messen. Hierzu ist ein Blutwert definiert worden, der 50 nmol/l (bzw. 20 ng/l) an 25-OH-D (Form des Vitamins) beträgt.

In der Studie lagen knapp 40 % der Teilnehmer unter dem Wert, der Median betrug bei Kindern und Jugendlichen 41,9, bei Erwachsenen bei 46,2 und bei Senioren ab 65 Jahren nur bei 39 nmol/l. Im Alter lässt die Fähigkeit zur Eigensynthese von Vitamin D aus Licht nach. Da die Vitamin D-Zufuhr aus Lebensmitteln sich nicht so stark verändert hat, wird die Ursache des zu geringen Blutwertes an verändertem Verhalten zum Sonnenlicht gesehen. Zu geringer Aufenthalt im Freien auf dem Arbeitsweg, in Pausen und in der Freizeit belichten die Haut zu wenig. Besonders gravierend ist dies für pflegebedürftige Menschen, die nicht mehr ins Freie kommen, für Säuglinge, die nicht regelmäßig Sonnenlicht beim Spaziergang oder auf dem Balkon erhalten, bei dunkelhäutigen Menschen, die in der hiesigen Klimazone zu wenig Licht für ihre geringere Syntheserate aufnehmen. Auch Kleidervorschriften, welche die Haut – z. B. aus religiösen Gründen – verhüllen, verhindern die Vitamin D-Bildung. Hier kann Ausgleich durch Aufenthalt auf dem Balkon, einem geschützten Grundstück oder Änderung der Kleidung geschaffen werden.[18]

Durch Sonnenlicht bildet sich im Körper Vitamin D
Foto: Kühne

Ein weiterer Punkt wird diskutiert. Vorbeugend erhalten Säuglinge seit langem Vitamin D-Präparate. Dies geschieht in dem Lebensalter, wo der Organismus die Eigensynthese aus Licht lernen soll. Auch die Muttermilch enthält wenig Vitamin D. Könnte durch die direkte Zufuhr des Vitamins der Körper in dieser sensiblen Zeit zu wenig lernen, Vitamin D selber herzustellen?

Ein weiterer Punkt betrifft die Sonnencremes. Sie werden als Schutz vor Hautkrebs mit hohem Lichtschutzfaktor verwendet. Damit aber wird die Eigensynthese an Vitamin D verhindert. Es muss also ein Kompromiss zwischen Hautschutz und Vitamin D-Bildung ermöglicht werden. Der Arzt Till Reckert weist darauf hin, dass die Gefährdung der Haut umso höher ist, je weniger Belichtung sie im Alltag kennt, dann aber z. B. im Urlaub am Strand stundenlang hohen Lichtwerten ausgesetzt

18 Vitamin D-Mangel in Deutschland oft überbewertet. „Ernährungs-Umschau" 3-2011, S. 117

wird. Hierbei fehlt es an der Gewöhnung. Besser ist regelmäßige Sonneneinwirkung und Vorbereitung auf sonnenintensive Zeiten im Urlaub.[19]

Was ist zu tun?

Zum einen soll die Eigensynthese durch Sonnenlicht angeregt werden. Dies bedeutet, sich täglich mindestens 20 Minuten im Freien aufzuhalten. Je nach Hauttyp, Körperbedeckung, Jahres- und Tageszeit kann sich dies verändern. So verkürzt sich die Zeit im Sommer und bei empfindlichen rötlichen Hauttypen, sie verlängert sich ab dem Nachmittag oder im Winter. Im Sommer speichert der Körper das Vitamin D, denn im Winter scheint die Sonne weniger und die Vitamin D-Synthese ist viel geringer. Es erfolgt somit nicht jeden Tag die gleiche Aufnahme, mittelfristig sollte immer ein Ausgleich für Tage ohne Spaziergang stattfinden.

Ferner kann man bei seiner Ernährung auf gute Vitaminquellen achten. Da Vitamin D ein fettlösliches Vitamin ist, findet man es vor allem im Fett der Lebensmittel, kaum in fettarmen. Zudem kommt es überwiegend in tierischen Lebensmitteln vor. Veganer müssen daher noch mehr auf genügend Sonnenlicht achten.

Die Hauptquelle sind Fettfische wie Hering, Aal, Makrele, ferner Eier und in geringerem Maße die fetthaltigen Milchprodukte (Sahne, fette Käse) sowie Tierleber. In pflanzlichen Produkten findet sich Vitamin D in Pilzen (Lebewesen, die im Dunklen wachsen) und wenig in kaltgepressten Ölen.

Tabelle 17: **Vitamin D Gehalt*** in µg/100 g

Hoch > 10	Lebertran, Hering, Lachs, Sardine
Mittel 1-10	Thunfisch, Makrele, Leber, Eier, Pilze, Käse, Butter
Gering < 1	Milch, Joghurt

Schätzwert: Säuglinge 10 µg, alle anderen 20 µg täglich
Quelle: Die große GU-Nährwert-Kalorien-Tabelle 2014/15

19 Reckert, Till: Sonnenlicht, Vitamin D, Inkarnation. „Merkurstab" 6-09, S. 577-593

Bedarf

Für den Vitamin D-Bedarf gibt es nur Schätzwerte.[20] Sie gelten, wenn keine oder eine ungenügende Eigensynthese erfolgt. Diese Schätzwerte wurden 2012 verdoppelt bzw. für Erwachsene sogar vervierfacht und betragen jetzt für Säuglinge täglich 10 µg und für allen anderen 20 µg (früher 5 µg). Dies ändert zwar nichts an der Versorgung, es soll aber der Engpass sichtbar und mögliche Maßnahmen ergriffen werden.

Der Beitrag von 2-4 µg täglich durch Lebensmittel ist unzureichend, wenn keine Eigensynthese erfolgt. Dies verbessert sich, wenn man mehr Vitamin D reiche Lebensmittel verzehrt wie Fettfische, Eier, Milchprodukte und Pilze. Im Internet wird vom Vitamin D Gehalt der Avocado geschrieben, solche Werte sind zweifelhaft. Pflanzen, die das Licht der Photosynthese nutzen, produzieren eigentlich kein Vitamin D. Ausnahme können Samen sein, um der zukünftigen Pflanze bis zur Blattentfaltung ein Vitaminstart mitzugeben für die Dunkelzeit. Hierzu gibt es kaum Analysen. Wer sich daher den Lebertran nicht zurückwünscht, die regelmäßige Zeit im Freien nicht aufbringen kann, sollte sich über eine Nahrungsergänzung informieren. Eine entsprechende Blutuntersuchung wäre Voraussetzung, wobei es auch unterschiedliche Meinungen über die richtige Methode gibt. Auf jeden Fall führt eine lichtferne Lebensweise zu gesundheitlichen Einbußen, von denen der Vitamin D-Mangel nur einer ist.

	Vitamin D - Info
	Fettlöslich – speicherbar
Weitere Formen:	Cholecalciferol (Vitamin D_3), Ergocalciferol (D_2)
Entdeckt in:	Fischleberöl
Empfindlich auf:	Licht und Sauerstoff
Funktionen:	Mineralhaushalt Calcium, Phosphor, Aufbau von Knochen, Haut, Herz, Immunsystem
Hemmstoffe:	Kontrazeptiva, Barbiturate, bei Darmkrankheiten verminderte Resorption
Tagesbedarf:	Säugling 10 µg, Kinder und Erwachsene 20 µg
Mangel:	Rachitis (Kind), Osteomalazie (Erwachsene)
Vorkommen:	Fische, Eier, Milchprodukte, Butter, Pilze, Eigensynthese durch Sonnenlicht

20 DGE: Referenzwerte für die Nährstoffzufuhr. Vitamin D. 4. korr. Nachdruck. 2012

Vitamin E – das Wachstumsvitamin

Vitamin E gehört zu den Antioxidantien wie die Vitamine A und C. Als fettlösliches Vitamin schützt es die Fette und Öle vor Ranzigkeit, in dem es selbst den freien Sauerstoff bindet. 1922 wurde es zunächst als „Faktor X" in Hefe entdeckt. 1924 bekam es den Namen Vitamin E, aber erst 12 Jahre später identifizierte man es in seiner chemischen Struktur als Tocopherol.

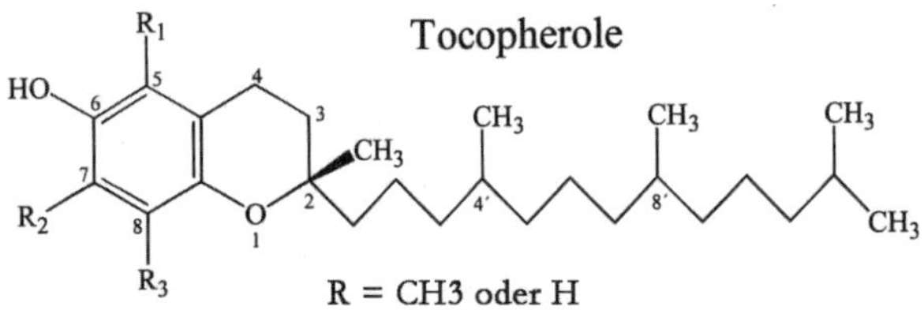

Tocopherole

R = CH3 oder H

Erschwerend kam hinzu, dass es eine Reihe von Tocopherolen gibt, die sich in ihrer Wirksamkeit unterscheiden. Sie gliederte man wiederum mit Buchstaben des griechischen Alphabets, wobei α-Tocopherol sehr wirksam ist, ß-Tocopherol nur 50 %, die γ- nur 25 % und δ- nur noch 1 % Wirksamkeit aufweisen. Daneben gibt es noch Tocotrienole, die ebenfalls Vitamincharakter haben. In Nährwerttabellen fasst man daher Vitamin E in Tocopherol-Äquivalenten zusammen, wozu man alle Formen einrechnet. Mehrere Vitamine treten in ähnlichen, aber verschiedenen Formen auf wie Vitamin B_2 oder Folsäure. Die Lebenskräfte, die sich dieser Substanzen bedienen, sind nicht starr und eindimensional, sondern vielfältig und veränderlich. Somit spiegeln die Vitaminformen die Lebendigkeit des Stoffwechsels wider.

Vitamin E wird in höheren Pflanzen und einigen Mikroorganismen gebildet, nicht im tierischen und menschlichen Organismus. Dort wird es gebraucht, muss mit der Nahrung zugeführt werden. Die Pflanzen bilden besonders in der Keimungsphase in den Chloroplasten der Zellen viel Vitamin E. Darum hat man es auch als Wachstumsvitamin bezeichnet. Tocopherol kann vor allem im Fettgewebe, den Nebennieren, aber auch der Hypophyse, den Hoden und Blutplättchen des Menschen gespeichert werden.

Aufgaben

Vitamin E verhindert die Oxidation der ungesättigten Fettsäuren und des Cholesterins. Ferner schützt es vor Ozon und radikalbildenden Schwermetallen. Somit unterstützt es das Wachstum und die Erhaltung der Zellprozesse. Besonders wichtig ist es im Nervengewebe wie auch in der Retina des Auges. Es verhindert die Bildung von Arachidonsäure, die Entzündungsprozesse fördert und moduliert das Immunsystem. Es gilt als Schutzfaktor vor Krebs; auch als „Anti-Aging-Vitamin" wurde es eine Zeit lang angepriesen. Wenngleich solche Aussagen übertrieben sind, hat Vitamin E viele Aufgaben für Zellwachstum, Hautstraffung oder bessere Wundheilung. Daher ist es auch in Hautsalben enthalten. Vitamin E wirkt gemeinsam mit Vitamin C und dem Spurenelement Selen, deshalb sollte man immer auf eine gute Versorgung mit diesem Vitamin und Mineralstoff achten.

Versorgung

Vitamin E Mangel ist sehr selten, es kommt eher zu einer Unterversorgung und damit zu vermehrten Infekten. Häufiger als bei Erwachsenen kann solche zu geringe Zufuhr bei Kindern beobachtet werden, da sie sich noch im Wachstum befinden und besonders viel von diesem Vitamin benötigen. Lange hoffte man mit hohen Vitamin E Dosen in Nahrungsergänzungsmitteln (meist synthetischer Herstellung) Krebs zu verhindern und entzündliche Erkrankungen wie Rheuma zu verbessern. Nachdem eine Studie, in der Männer eine große Menge synthetischer Tocopherole erhielten, ergab, dass Prostatakrebs nicht verhindert, sondern sogar begünstigt wurde, ist man vorsichtig geworden. Es gilt eine sehr hohe Obergrenze von 300 mg täglich für Erwachsene.

Haselnüsse enthalten Vitamin E
Foto: AKE

Allerdings muss zwischen natürlich vorkommenden Tocopherolen in Lebensmitteln und synthetisch hergestellten unterschieden werden.

Gerade weil Vitamin E mit verschiedenen anderen Substanzen zusammenwirkt, kann eine einseitige Zufuhr störend wirken. Dies ist nicht der Fall, wenn man natürliches Vitamin E beispielsweise mit Ölen aufnimmt.

Vorkommen

Vitamin E kommt vor allem in den fettreichen pflanzlichen Lebensmitteln wie Ölen, Ölsaaten und Nüssen vor. Besonders reich sind die Keimöle. Daher weisen Vollkorngetreide und Hülsenfrüchte ebenfalls Vitamin E auf. Auch in Gemüse, vor allem Blattgemüse ist Vitamin E enthalten. In tierischen Produkten wie Butter und Fischen findet sich ebenfalls etwas Vitamin E. Margarine wird zum Schutz vor Ranzigkeit mit Tocopherol vitaminiert. Dies ist bei Bio Margarine nicht zulässig. Bei den Angaben in der Tabelle muss man immer die Portionsgröße mit bedenken.

Die Tocopherole gehören zu den wärmestabileren Vitaminen. Lediglich beim starken Erhitzen von Öl treten Verluste auf (Braten mit hohen Temperaturen). Empfindlich sind die Tocopherole gegen Licht, weshalb Öle möglichst in dunklen Flaschen oder im Schrank aufbewahrt werden sollten. Durch Verarbeitung kann sich der Vitamin E Gehalt erniedrigen, wenn z.B. beim Getreide der ölhaltige Keimling abgetrennt wird für helles Mehl, Grieß oder Cornflakes sowie durch Raffination von Ölen. So verlieren Maiskeim- und Rapsöl durch die Raffination fast die Hälfte des Gehalts an Tocopherolen. Daher ist die Verwendung von nativen (kaltgepressten) Ölen anzuraten.

Tabelle 18: **Vitamin E Gehalt*** in mg/100 g

Hoch > 50	Weizenkeim-, Distel-, Argan-, Sonnenblumenöl
Mittel 10-50	Maiskeimöl, Haselnuss, Mandel, Weizenkeime, Sonnenblumenkerne
Gering < 10	Hagebutten, Heidelbeeren, Süßkartoffel, Kichererbsen, Putenfleisch, Wirsing, Paprika, Butter

* Tocopherol-Äquivalente

Quelle: Die große GU Nährwert-Kalorien-Tabelle 2014/15

Versorgung und Empfehlungen

Die Ernährungsgesellschaften von Deutschland, Schweiz und Österreich empfehlen für Frauen täglich 12 mg und für Männer 14 mg Aufnahme an Vitamin E. Die Versorgung ist weitgehend gesichert. Lediglich Kinder im Wachstumsalter von 10-12 Jahren und allein lebende Senioren in Privathaushalten nehmen etwas wenig auf. Die Tocopherol Versorgung erfolgt zu 35 % über pflanzliche Öle. 20 g Sonnenblumenöl oder 10 g Distelöl (Saflor) decken den täglichen Bedarf. Von Olivenöl würde man schon 100 ml täglich benötigen, da es wenig von diesem Vitamin enthält. An zweiter Stelle der Versorgung steht Brot mit über 10 %, gefolgt von Gemüse und Obst. Diese Lebensmittel tragen aufgrund hoher Verzehrmengen zur Versorgung bei. Nüsse und Ölsaaten sind reichhaltiger, werden aber in geringer Menge gegessen. Würde die Empfehlung von 20 g Nüssen oder Mandeln täglich eingehalten, verbesserte dies auch die Zufuhr an Vitamin E. Mit 50 g Mandeln täglich erreicht man die Tagesmenge für Frauen. Diese große Portion wäre aber gar nicht erforderlich und wünschenswert (der hohe Fettgehalt). Daher ist das Verwenden nativer Öle, Vollkorngetreide und Brote daraus, ab und an Nüsse oder Mandeln sowie täglich Obst und Gemüse eine gute Basis, um auch dieses fettlösliche Vitamin mit seinen Varianten in genügender Menge aufzunehmen.

Vitamin E - Info	
	Fettlöslich – antioxidativ - speicherbar
Andere Namen:	Tocopherole
Entdeckt in:	Weizenkeimöl
Empfindlich auf:	Luftsauerstoff
Funktionen:	Antioxidans, schützt Zellen der glatten Blutgefäßmuskulatur, unterstützt Enzyme, verhindert Ranzigkeit
Hemmstoffe:	Alkohol
Tagesbedarf:	*Männer* 25-51 Jahre 14 mg, 51-65 Jahre 13 mg *Frauen* 15-65 Jahre 12 mg
Mangel:	Störung an Nervenzellen, bei Energiegewinnung, im Immunsystem, Infekte
Vorkommen:	Weizenkeim-, Maiskeim-, Distelöl, Haselnüsse, Mandeln

Vitamin K - in Pflanze und Tier

Unter Vitamin K werden Substanzen zusammengefasst, die ähnlich aufgebaut, aber verschieden in ihrer Wirksamkeit im Organismus sind. Es sind vor allem Phyllochinon oder Vitamin K_1 neben Menachinon oder Vitamin K_2. Eigentlich sind es mehrere Menachinone, die sich in ihren Anhängen unterscheiden. Daneben gibt es noch ein synthetisch hergestelltes Vitamin K_3 (Menadion), das aber in Lebensmitteln keine Rolle spielt. Der Name Vitamin K kommt von „Koagulation", denn die Wirksamkeit wurde erstmalig bei der Blutgerinnung entdeckt. Der chemische Name des Vitamin K_1 (Phyllochinon) weist auf sein Vorkommen hin: Phyllo (griech.) = das Blatt. Vitamin K_1 kommt vor allem in grünen Blättern wie Salaten, Kohl, Mangold oder Spinat vor, aber auch in der Artischocke (blattartige Blüte). Es wirkt bei der Photosynthese mit, „verinnerlicht" Lichtenergie bzw. Lichtäther zu Materie. Es bildet sich in Luft und Licht des Blattes. Vitamin K ist fettlöslich im Gegensatz zu dem wasserlöslichen B-Vitamin Folsäure, das auch in grünen Blättern vorkommt (folium, lat. = Blatt). Vitamin K_1 hat bei Tier und Menschen eine wichtige Aufgabe für die Blutgerinnung, also dem Schutz des Blutes bei Verletzungen, damit Bewahrung des Bewusstseins und beim Menschen für das Ich. Das Blut ist dem Rhythmischen System des Menschen zugeordnet, wie auch das grüne Blatt zum Rhythmischen System der Pflanze gehört und ist Träger des Ich. Die Photosynthese der Pflanze mit ihren Lichtprozessen geschieht mit dem Chlorophyll. Das Bewusstsein bei Mensch und Tier über das Hämoglobin des Blutes mit dem Eisen. Beides sind verwandte Prozesse, die bei Mensch und Tier auf einer anderen, höheren Ebene stattfinden.

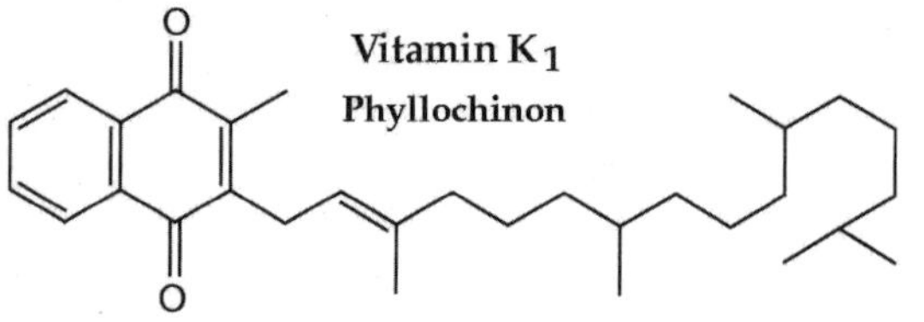

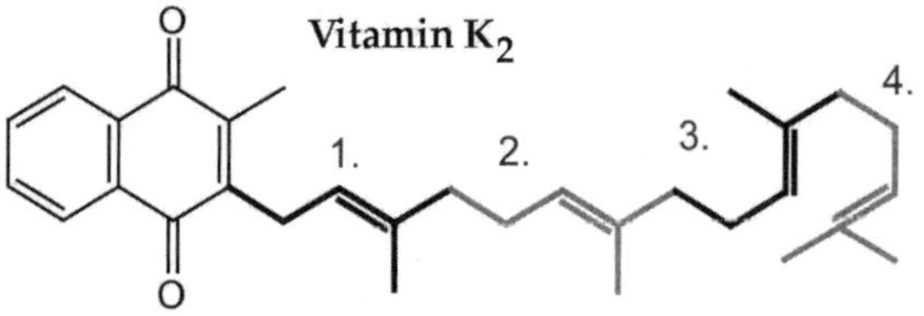

Vitamin K_1
Phyllochinon

Vitamin K_2

Menachinon-4 mit 4 Isopreneinheiten

Daher ist es interessant, dass es noch ein „tierisches" Vitamin K gibt. Die Menachinone oder Vitamin K_2 werden von Mikroorganismen und in geringen Mengen in Tier und Mensch gebildet. Sie kommen in tierischen und mikrobiell erzeugten, fermentierten Produkten vor. Die Menachinone unterscheiden sich in der Anzahl der angehängten Seitenketten, der Isopreneinheiten, die bis zu 13 Stück zählen können. Dies fügt man zur Differenzierung hinzu wie Menachinon-4 oder abgekürzt MK-4. Nur das Vitamin K_2 mit 4 Einheiten (MK-4) kann von Mensch und Tier aus Menadion (Vitamin K_3), höheren Menachinonen oder Phyllochinon (Vitamin K_1) gebildet werden. Eine Voraussetzung ist, dass genügend Phyllochinon vorhanden ist. Die anderen Menachinone stammen von Mikroorganismen, unter anderem werden sie von der Darmflora gebildet. In der Leber finden sich verschiedenste Menachinone vor allem MK-7 bis MK-11. Sie sind wahrscheinlich Vorrat, aus denen der Organismus leicht das benötigte MK-4 bilden kann.

Bei den Mikroorganismen wirkt Vitamin K bei der Energieübertragung in der Zelle (Atmungskette) mit. Dies ist der Ort, wo die Lichtenergie aus dem Stoff befreit wird. Vitamin K ist daher eng mit der Lichtenergie verbunden. Direktes Licht zerstört dagegen Vitamin K.

Lange wurde Vitamin K_1 und das seltenere Vitamin K_2 zusammen betrachtet. Es zeigt sich jedoch, dass beide teilweise andere Funktionen im Organismus aufweisen. Auch die Bioverfügbarkeit des „tierischen" Vitamin K_2 scheint größer als von Vitamin K_1 zu sein. Es ist dem menschlichen Stoffwechsel näher als das von Pflanzen gebildete Phyllochinon.

Tabelle 19: **Vitamin K-Arten**

Vitamin K_1	Phyllochinon	in grünen Pflanzen
Vitamin K_2	Menachinon	in tierischen und fermentierten Produkten
Vitamin K_3	Menadion	nicht natürlich vorkommend

Aufgaben

Die bekannteste Funktion von Vitamin K ist die Beteiligung bei der Blutgerinnung. Vitamin K ist Bestandteil spezieller Eiweiße, die zunächst in inaktiver Form vorliegen und bei Bedarf rasch aktiviert werden müssen. Daran ist Vitamin K vor allem als K_1 und MK-3 und MK-4 beteiligt. Auch bei der Auflösung der Blutgerinnung wirkt wiederum Vitamin K mit. Es ist somit ein Aktivator dieser lebensschützenden Reaktionen und sorgt – wenn nötig – für Eiweißaufbau (Gerinnung) oder Eiweißauflösung. Ein Mangel an Vitamin K führt zu Blutungen. Dieses wurde in den dreißiger Jahren des letzten Jahrhunderts auch bei Hühnern entdeckt. Bei dem Risiko von Thrombosen (Bildung von Blutgerinnseln) und bei Herz-Kreislauf-Erkrankungen wird oft eine „Blutverdünnung" mit Medikamenten (z.B. Marcumar) durchgeführt. Dies sind Gegenspieler von Vitamin K. Patienten mit Blutverdünnung sollen daher ihre Vitamin K-Zufuhr (vor allem von Phyllochinon) beachten. Da Vitamin K_1 in grünem Gemüse mit wertvollen Nährstoffen enthalten ist, darf nur zurückhaltend reduziert werden. Der Effekt des Blutverdünners muss regelmäßig kontrolliert und evtl. die Dosis angepasst werden.

Cumarine blockieren Vitamin K, sie werden daher auch als Rattengift eingesetzt, wodurch die Blutgerinnung der Ratten bei Verletzung versagt und sie verbluten.

Seit wenigen Jahren sind weitere Funktionen von Vitamin K bekannt. So aktiviert es ein Eiweiß, welches Calcium in die Knochen einbaut (Osteocalcin) und sorgt somit für die richtige Mineralisierung und Stabilisierung der Knochen. Mangel an Vitamin K führt zu mehr inaktivem Osteocalcin und längerfristig zur Osteoporose und dem Verlust an Aufrichtefähigkeit. Die „festen" Knochen sind eine Grundlage unseres Lebens und der Ich-Aktivität.

Studien zeigten, dass eine regelmäßige Gabe von Vitamin K_2 bei Frauen nach den Wechseljahren die Calciumeinlagerung im Knochen verbessern konnte, also eine bessere „Standfestigkeit" herbeiführt. Dies sind innere Lichtfunktionen, denn Licht strahlt und härtet. Ebenso hemmt Vitamin K die Tätigkeit der Osteoklasten, hemmt also den Knochenabbau. Unsere Knochen sind im ständigen Umbau. Wenn dabei der Abbau von Mineralen und organischer Substanz überwiegt, kann es zu Osteoporose kommen. Dem steuert besonders Vitamin K_2 entgegen[21].

Zur Osteoporose-Vorbeugung wurde lange Calcium als Nahrungsergänzung empfohlen. Als man feststellte, dass es möglicherweise gar nicht aus dem Darm aufgenommen wird, gab man Vitamin D hinzu,

21 Pies, Josef: Vitamin K_2. Vielseitiger Schutz vor chronischen Krankheiten. Kirchzarten 2012

was die Resorption verbessert, die Verfügbarkeit im Blut erhöht und den Knochen härtet. Da Calcium jedoch auch wichtig für den Herzmuskel und die Muskeln ist, beobachtete man auch vermehrte Einlagerungen in Blutgefäße, wo es nicht hin gehört. Dem Calcium fehlte ein „Wegweiser" zum Knochen oder in die Zähne. Dies scheint ebenfalls Vitamin K_2 zu können. Es aktiviert ein Eiweiß, welches die Calciumeinlagerung in Arterien oder Herz begrenzt. Das ist das Matrix-Gla-Protein (MGP). Weitere Funktionen des Vitamin K im Stoffwechsel wie zur Immunstärkung oder Zahnschutz werden diskutiert.

Hartkäse enthält Vitamin K_2 – je nach Futter der Kühe *Foto: AKE*

Bestand und Bedarf

Vitamin K kann im Gegensatz zu den anderen fettlöslichen Vitaminen nur gering in der Leber gespeichert werden, muss also regelmäßig mit der Nahrung zugeführt werden. Der Vorrat reicht für 1,5 Tage. Die Schätzwerte der Deutschen Gesellschaft für Ernährung (DGE) für eine tägliche Zufuhr liegen niedrig. Sie betragen für Männer 70 und Frauen 60 µg/Tag. Im Alter steigt die Empfehlung auf 80 bzw. 65 µg/Tag. 60 Mikrogramm (µg) entsprechen 0,00006 Gramm, das ist eine sehr geringe Menge. In Verzehrstudien lag die Zufuhr in Deutschland weit über diesem Wert mit über 400 µg/Tag. Dies betrifft in erster Linie Vitamin K_1 (Phyllochinon). Die Aufnahme von Menachinon (Vitamin K_2)

wird nicht gesondert erfasst, liegt jedoch viel niedriger. Es wird diskutiert, ob die Schätzwerte zu niedrig angesetzt sind. Vitamin K-Mangel wurde bisher über Blutgerinnungsstörungen bestimmt. Er trat selten auf bei Darmerkrankungen mit verminderter Resorption fettlöslicher Stoffe, zu wenig Galle oder lang dauernde Antibiotika-Einnahme (wegen der Zerstörung der Darmflora, die auch Vitamin K_2 bildet). Auch regelmäßige Aufnahme von Acetylsalicylsäure (ASS) zur Blutverdünnung vermindert die Aufnahme von Vitamin K. Inzwischen wird das vermehrte Auftreten des inaktiven Osteocalcins als Biomarker für fehlendes Vitamin K genommen. Bei Gabe von Vitamin K (vor allem K_2) werden diese Eiweiße nämlich aktiviert. Dies spricht dafür, dass die Menachinon-Aufnahme höher sein müsste als bisher angenommen.

Vorkommen

Die pflanzlichen Lebensmittel enthalten Vitamin K_1, die tierischen überwiegend Vitamin K_2. Das Vitamin ist in fetthaltigen Produkten wie nativem Öl enthalten, sonst im Blatt wie bei Salaten, Kohl, Spinat oder Mangold. Bei den Samen findet es sich im Keimöl z.B. bei den Hülsenfrüchten, Nüssen oder Getreide. In der Leber wird Vitamin K gespeichert, deshalb ist vor allem Hühnerleber reich daran (je nach Futter der Tiere), in geringerem Maße Schweine- und Rinderleber. Butter enthält je nach Futter der Kühe relativ viel, allerdings muss die geringe tägliche Verzehrmenge dieses Streichfettes von nur 20-30 g bedacht werden. Der Menachinongehalt von Eiern, Milch und Milchprodukten schwankt mit dem Grünfutter und Weidegras des Tierfutters. Je mehr Kraftfutter, umso geringer der Gehalt an Vitamin K. Daher gibt es sehr verschiedene Werte für den Vitamin K-Gehalt in tierischen Lebensmitteln. Je konzentrierter und fetthaltiger ein Milchprodukt wie Käse oder fetter Quark ist, umso höher ist der Gehalt an Vitamin K. Daher sind Hartkäse reicher an Vitamin K als fettarme Frischkäse. Der Fettquark (40 %) liegt ziemlich an der Spitze der Werte. Die heute verbreitete Gewohnheit fettarme Milchprodukte zu konsumieren, minimiert den Vitamin K_2 Gehalt und verschlechtert wahrscheinlich die Osteoporose-Prävention. Besser wäre es, normalfette Milchprodukte zu essen und wenn nötig Energie bei Süßigkeiten oder fetten Fertiggerichten einzusparen.

Tabelle 20: **Vitamin K Gehalt** in µg/100 g

Pflanzliche Lebensmittel	Vit. K_1	tierische Lebensmittel	Vit. K_2
Grünkohl	817	Hühnerleber	80
Spinat	2-400	Quark 40 % Fett	50
Linsen	123	Rindfleisch	13
Kopfsalat	109	Eier	8,9
Chinakohl	80	Magerquark	1,2
Olivenöl	33	Milch	0,5
Apfel	0,4-5	Butter	7

Quelle: Die große GU-Nährwert-Kalorien-Tabelle 2014/15

Außer in Lebensmitteln produziert unsere Darmflora, die immerhin über 1 Kilogramm an Gewicht ausmacht, Menachinon. Es kann offenbar aus dem Dickdarm aufgenommen werden, obwohl dort die Resorption anderer Nährstoffe kaum möglich ist. Nährstoffe wie Zucker, Aminosäuren oder Fettsäuren werden im Dünndarm resorbiert.

Vitamin K ist stabil gegenüber Erhitzung (Garen) und Sauerstoff (Luft), aber sehr empfindlich gegenüber Licht. Daher sollten die Lebensmittel immer dunkel gelagert werden.

Vitamin K - Info

	Fettlöslich – antioxidativ – begrenzt speicherbar
Andere Namen:	*Vitamin* K_1*:* Phyllochinon *Vitamin* K_2*:* Menochinon
Entdeckt in:	Luzernen
Empfindlich auf:	Licht
Funktionen:	Blutgerinnung, Knochenmineralisierung, wirkt mit Vitamin D
Hemmstoffe:	Cumarin
Tagesbedarf:	***Männer*** 15-51 Jahre 70 µg, 51-65 Jahre 80 µg ***Frauen*** 15-51 Jahre 60 µg, 51-65 Jahre 65 µg
Mangel:	Blutgerinnungsstörungen, Mangel an Osteocalcin
Vorkommen:	grüne Gemüse, Linsen, Leber, Quark

Die Vitamin-Empfehlungen im Überblick

Die Empfehlungen der Deutschen Gesellschaft für Ernährung für die tägliche Vitaminaufnahme zeigen, wie gering die Mengen teilweise sind. Für die Nahrungsauswahl spielen diese Empfehlungen kaum eine Rolle, wichtiger sind die Lebensmittel, die diese Vitamine enthalten (Tabelle 22). Zudem ändern sich die Empfehlungen je nach wissenschaftlicher Erkenntnis (zuletzt 2015).

Am meisten wird von Vitamin C benötigt. Dann folgend die Empfehlungen für Niacin, dem Vitamin für Energieprozesse, dem fettlöslichen Vitamin E und in geringerer Menge von Pantothensäure, die für Haut und Haar wichtig ist. Die Vitamine A, B_1, B_2, B_6 werden nur in einer Menge von etwa einem Milligramm benötigt, 1/100 von Vitamin C. Im Mikrogrammbereich liegen Folsäure, Biotin, Vitamin D und K, also allerkleinste Mengen. Am wenigsten wird von Vitamin B_{12} benötigt. Vitamin D kann auch durch Licht vom Körper aufgebaut werden. Hierbei muss genügend Zeit im Freien bei Tageslicht verbracht werden.

Tabelle 21: **Welche Mengen braucht man von den Vitaminen?***

	Frauen 25-51 Jahre	Männer 25-51 Jahre
Vitamin C	95 mg	110 mg
Niacin	12 mg	15 mg
Vitamin E	12 mg	14 mg
Pantothensäure	6 mg	6 mg
Vitamin B_6	1,2 mg	1,5 mg
Vitamin B_2	1,1 mg	1,4 mg
Vitamin B_1	1,0 mg	1,2 mg
Vitamin A	0,8 mg	1,0 mg
Folsäure	300 µg	300 µg
Vitamin K	60 µg	70 µg
Biotin	30-60 µg	30-60 µg
Vitamin D	20 µg	20 µg
Vitamin B_{12}	3 µg	3 µg

* nach DGE 2015

Wo findet man Vitamine?

Lebensmittelbezogene Empfehlungen können helfen, seine Nahrung so zu gestalten, dass die Vitaminzufuhr günstig ist. Dies ist wesentlich einfacher, als Nährwertempfehlungen auf die einzelnen Lebensmittel umzurechnen.

Tabelle 22: **Lebensmittel mit hohem Vitamingehalt**

Vitamin	**Vorkommen**
Vitamin B_1	Getreide, Schweinefleisch, Wurst, Brot, Hülsenfrüchte, Nüsse
Vitamin B_2	Käse, Eier, Leber, Fisch, Milch, Brokkoli, Nüsse
Niacin	Erdnuss, Sardine, Rindfleisch, Weizen, Reis, Sesam
Pantothensäure	Innereien, Pilze, Linsen, Reis, Weizen
Vitamin B_6	Weizenkeime, Lachs, Nüsse, Weizen, Leber, Hülsenfrüchte
Biotin	Erdnüsse, Getreide, Brot, Hülsenfrüchte, Innereien, Spinat
Folsäure	grüne Gemüse, Nüsse, Weizen, Brot, Hülsenfrüchte
Vitamin B_{12}	Fleisch, Fisch, Eier, Milch, Milchprodukte, Sauerkraut
Vitamin C	Gemüse (Kohl, Kresse, Spinat, Tomaten, grüne Bohnen), Obst (Hagebutten, Sanddorn, Acerola, Zitrusfrüchte, schwarze Johannisbeere)
Vitamin A	***Vitamin A***: Lebertran, Leber, Eigelb, Nieren, Käse, Butter, Fleisch ***ß-Carotin:*** Möhren, Süßkartoffeln, grüne Salate und Gemüse, Obst
Vitamin D	Fische, Eier, Milchprodukte, Butter, Pilze, Eigensynthese durch Sonnenlicht
Vitamin E	Weizenkeim-, Maiskeim-, Distel-, Palmöl, Haselnüsse, Mandeln
Vitamin K	grüne Gemüse, Linsen, Leber, Quark

Lebensmittelgruppen und ihre Vitamine

Schaut man sich die Lebensmittel an, die bestimmte Vitamine oft in größerer Menge enthalten, so kann man folgende Gruppen unterscheiden. Dazu kommt, dass manchmal ein Vitamin in gar nicht so großer Menge vorhanden ist, aber die Verzehrsmenge ist im allgemeinen höher wie z.B. bei Brot, Kartoffeln etc., so dass dadurch ein beträchtlicher Teil aufgenommen wird.

Tabelle 23: **Lebensmittelgruppen und ihre Vitamine**

Vorkommen	Vitamin
Getreide	B_1, Niacin, Pantothensäure, B_6, Biotin, Folsäure
Brot	B_1, B_2, Biotin, Folsäure
Milch und Milchprodukte	A, B_2, Pantothensäure, Biotin, B_{12}, D, K
Gemüse	B_2, Folsäure, ß-Carotin, C, K_1
Obst	C, ß-Carotin
Hülsenfrüchte	B_1, Pantothensäure, B_6, Biotin, Folsäure, K
Nüsse und Ölsaaten	B_1, B_2, Niacin, B_6, Folsäure, E
Öle, Fette	A, E
Eier	A, B_2, Biotin, B_{12}, D
Fleisch und Wurst	A, B_1, Niacin, B_{12}, D
Innereien	A, B_2, Pantothensäure, B_6, Biotin, B_{12}, D, K_2
Fisch	B_2, Niacin, B_6, B_{12}, D
Pilze	Pantothensäure, D

Vitaminähnliche Substanzen

Diese Bezeichnung umfasst Substanzen, die eine Wirkung im Stoffwechsel haben, aber nicht der Definition von Vitaminen entsprechen. Vitamine sind organische Verbindungen, die der Stoffwechsel benötigt, aber nicht selber herstellen kann. Ihr Fehlen ruft Mangelerscheinungen hervor. Das ist bei den vitaminähnlichen Substanzen nicht der Fall. Sie können teilweise aus Vorstufen vom Körper aufgebaut werden. Zu ihnen zählen Carnitin, Cholin, Kreatin, Myo-Inosit, Taurin und Ubiquinon (Coenzym Q oder früher Vitamin Q). Vielen Lesern werden einige dieser Substanzen als Nahrungsergänzungsmittel oder als Unterstützung für Sportler bekannt sein. Als natürlicher Bestandteil von Nahrungsmitteln sind sie weniger geläufig. Diese vitaminähnlichen Substanzen kommen bis auf Myo-Inosit und Cholin überwiegend im tierischen Organismus vor. Dies liegt einerseits daran, dass Tier und Mensch diese Substanzen selbst herstellen können, zum anderen werden sie dort vermehrt benötigt.

Daneben gibt es weitere Substanzen, die früher als Vitamin angesehen wurden. Da sich herausgestellt hat, dass der Mensch sie doch synthetisieren kann, gelten sie nicht mehr als Vitamin, sondern nur als Bestandteil des Stoffwechsels. Einige werden als Nahrungsergänzungsmittel angeboten. Über manche Substanzen gibt es Bücher, in denen ihnen große gesundheitliche Effekte zugesprochen werden, was nicht gesichert ist. Dazu bezeichnet man sie oftmals sogar mit dem alten Vitaminnamen. Dies hat sicherlich auch den Grund, dass „Vitamin“ sehr positiv klingt. Zu diesen „ehemaligen“ Vitaminen gehören Adenosinphosphat (früher Vitamin B_8), PABA (Para-Aminobenzoesäure, früher Vitamin B_{10}), Orotsäure (früher Vitamin B_{13}), Pangamsäure (früher Vitamin B_{15}) und Amygdalin (früher Vitamin B_{17}).

Die Überlegung solche Substanzen vermehrt zuzuführen, liegt darin, dass sie einen positiven gesundheitlichen Stoffwechseleffekt haben. Zwar stellt sie der Körper selber her, aber bei besonderen Anforderungen wie intensivem Sport oder einer Krankheit soll die Wirkung durch Nahrungszufuhr oder Nahrungsergänzung verstärkt werden. Ob dies zu dem gewünschten Effekt führt, ist umstritten, denn der Körper baut Substanzen auf und ab oder resorbiert sie möglicherweise gar nicht, wenn sie isoliert in einem Pulver oder Dragee zugeführt werden.

Der Gegensatz dieser Stoffwechselsubstanzen zu den Vitaminen liegt darin, dass der Körper sie selber aufbauen kann, während er bei Vitaminen auf die Zufuhr durch die Nahrung angewiesen ist. Zudem kennt man bei dem Fehlen von Vitaminen Mangelerscheinungen.

Carnitin

Diese Substanz wurde bereits 1905 entdeckt. Mitte des 20. Jahrhunderts fand man heraus, dass Carnitin bei bestimmten Käfern das Wachstum verbesserte. Bei Mensch und Tier kommt es vor allem in den Muskeln und dem Herzen vor. Seine Aufgabe ist es, den Stoffwechsel bei der Gewinnung von Energie aus Fettsäuren zu unterstützen. Dadurch werden die Bewegung und der Stoffwechselwille gestärkt. Man bezeichnete deshalb Carnitin als Fettverbrenner (fatburner) und meinte, es helfe beim Abnehmen. Zwar ist bei Mangel an dieser Substanz die Fettverbrennung verlangsamt, aber das heißt nicht, dass sie durch viel Carnitin gesteigert würde. Auch eine andere Wirkung wie die Leistungssteigerung beim Sport, Hilfe gegen Müdigkeit oder Stützung der Herzfunktion konnten bisher nicht bestätigt werden.

Der Körper stellt Carnitin aus zwei Aminosäuren, Lysin und Methionin, her. Nur bei einigen Leber- oder Nierenstörungen sowie einer ungenügenden Eiweißversorgung kann die Eigensynthese zu gering sein. Durch Sport steigt der Carnitinverbrauch nicht an.

Carnitin ist in Rind-, Schaf- und Schweinefleisch in größeren Mengen enthalten, daneben in Milch und Milchprodukten wie auch Geflügelfleisch. Pflanzliche Lebensmittel weisen viel weniger auf, so dass Veganer und Vegetarier nur geringe Mengen Carnitin aufnehmen. Offenbar gleicht die Eigensynthese und Steuerung der Ausscheidung diese geringere Aufnahme durch die Nahrung aus, so dass keine weitere Zufuhr nötig ist.

Cholin

Auch diese Substanz ist schon lange bekannt, aber erst 1932 wird ihre Bedeutung als Nahrungsfaktor erkannt und zeitweise sogar als Vitamin B_4 bezeichnet. Dafür erhielten die Entdecker den Nobelpreis. Cholin ist ein Amin wie Vitamin B_1 (Thiamin) und B_{12} (Cobalamin), das aus

Aminosäuren gebildet wird. Die Synthese erfordert die Vitamine B_{12} und Folsäure sowie die essentielle Aminosäure Methionin. Allerdings gehört Cholin nicht zu den Vitaminen, da der Körper es selbst aufbauen kann.

Cholin hat wichtige Funktionen im Stoffwechsel. Dies ist zuerst die Bildung des Neurotransmitters Acetylcholin. Dazu wird es zum Aufbau der Phospholipide wie Lezithin benötigt. Diese Substanzen sind Vermittler bei Nervenprozessen und wirksam in Zellmembranen. Ferner wird Cholin für Methylierungen (Übertragung von Methylgruppen) benötigt. Solche Methylierungen stellen z.B. bei der DNS eine Art Gedächtnis (Epigenetik) dar. Cholin verhindert weiterhin, dass sich zu viel Fett in der Leber ablagert. Besonders die Funktionen im Nervenstoffwechsel und als Baustein für Lezithin haben dazu geführt, dass Cholin als Nahrungsergänzung z.B. zur Verbesserung der Konzentration und Gedächtnisleistung angeboten wird (Motto: „Cholin bringt das Gehirn in Schwung!"). Die Ergebnisse der Studien sind nicht eindeutig, aber die Verbesserung des Kurzzeitgedächtnisses ist bestätigt. Da auch die Zellkommunikation über die Membranen besser werden kann, wurde ein präventiver Schutz vor Alzheimer oder sogar Zellentartung angenommen. Dies ist allerdings noch nicht gut belegt. In der Nahrung findet sich Cholin in Innereien, Erdnüssen, Vollkorngetreide wie Weizen, aber auch etlichen Gemüsearten und Obst. Besonders reich an Cholin (bzw. Lezithin) ist das Eigelb.

Schätzungsweise wird täglich 1 g Cholin aufgenommen. Beim Menschen sind bisher keine Mangelerscheinungen bekannt. Es lässt sich sagen, dass Cholin eine Substanz der Lebens- und Denkebene und damit des Ätherleibs ist.

Kreatin

Diese stickstoffhaltige Substanz dürfte vielen Sportlern bekannt sein, gehört sie doch zu den häufig angebotenen leistungssteigernden Nahrungsergänzungsmitteln. Kreatin wurde ursprünglich in Fleischbrühe entdeckt, dann auch in den Muskeln von Säugetieren und Menschen gefunden. Es kann aus drei Aminosäuren vom Organismus hergestellt, aber auch durch tierische Nahrungsmittel wie Fleisch und Fisch aufgenommen werden. Auch in Milch und Milchprodukten ist es in geringer Menge enthalten. Kreatin befindet sich fast ausschließlich in den Muskeln, auch dem Herzmuskel. Es ist Bestandteil eines Energiespeichers ähnlich wie ATP (Adenosintriphosphat). Damit wird Bewegung, Willensbetätigung der Muskeln möglich. Dass dies besonders bei lang dauernden sportlichen Betätigungen wichtig ist, dürfte deutlich sein. Kreatin gehört zu den biogenen Aminen. Der enthaltene Stickstoff weist wie beim Carnitin auf einen Bezug zum Empfindungsleib, der sich im Bewegungswillen äußert. So wundert es nicht, dass Kreatin wie Carnitin sich überwiegend in tierischer Nahrung befinden.

Myo-Inosit

Myo-Inosit ist die biologisch wirksame Form der Inosite. Myo-Inosit stellt der Körper aus Traubenzucker her, in Pflanzensamen tritt es verbunden mit Phosphor als Phytin auf. Seine Funktion ist aufbauend, ätherisch. So wirkt es bei der Reifung der Spermazellen mit und ist Baustein für viele Membranen. Dabei moduliert es etliche Enzyme und spielt eine Rolle bei der Verfügbarkeit des Calciums aus zellulären Speichern. Es gilt als Signalstoff der Zellen. Ebenso ist es beim Aufbau längerkettiger Fettsäuren beteiligt, gilt wegen seiner Aufgaben im Fettstoffwechsel als „Fettverbrenner" (fatburner). Dies ist wie beim Carnitin umstritten, weil Myo-Inosit eine normale Funktion ausübt, die nicht durch größere Zufuhr automatisch gesteigert werden kann.

Inosit findet sich in hoher Konzentration in der Leber, dem Organ des Auf- und Umbaus, auch in tierischer Leber. In den Pflanzensamen kommt es fast nur als Phytin vor. Bei Diabetes mellitus ist oft die innere Synthese verringert, so dass eine höhere Zufuhr sinnvoll sein kann. Ansonsten wird die präventive Wirkung von Myo-Inosit noch untersucht. Es schmeckt leicht süß und wird Energy-Drinks zugesetzt.

Taurin

Dieser vitaminähnliche Stoff wurde in der Galle von Ochsen entdeckt, daher der Name (Taurus = Stier). Er enthält Stickstoff, wird aus der schwefelhaltigen Aminosäure Cystein synthetisiert. Bekannt wurde er als Zusatz zu Energy-Drinks, die Assoziationen zu dem Bullen, den Stieren wecken und eine Stoffwechsel beschleunigende Wirkung erzielen wollen. Diese Verstärkung in Kombination mit Coffein ist umstritten. In 250 ml Energy-Drink kann bis zu 1 g Taurin enthalten sein. Mehr ist als Zusatzstoff nicht zugelassen. Taurin wirkt im Menschen bei den Gallensäuren mit, allerdings in geringerer Menge als beim Tier besonders bei Katzen. Für diese Tiergattung ist Taurinzufuhr essentiell. Taurinmangel in Katzenfutter kann zur Erblindung der Tiere führen. Bedeutsam ist Taurin für die Retina des Auges auch beim Menschen. Weiter wirkt es bei der Bereitstellung von Calcium in den Membranen, im Herzmuskel sowie in der Retina des Auges.

Taurin kommt in niederen Pflanzen wie Algen und Pilzen, aber auch einigen Hülsenfrüchten vor. Sonst findet es sich in tierischer Nahrung vor allem in Fisch und Schalentieren, in geringerer Menge im Fleisch von Rind, Schaf und Schwein. In Gemüse, Obst und Eiern ist so gut wie kein Taurin. Die Eigensynthese deckt den Bedarf des gesunden Menschen, eine Nahrungsergänzung ist nicht nötig.

Ubichinon - Coenzym Q

Erst 1956 wurde Ubichinon entdeckt. Noch später erkannte man seine Bedeutung im Stoffwechsel. Dafür erhielten die Forscher 1978 den Nobelpreis für Chemie. Ubichinon tritt wie viele Vitamine in mehreren Modifikationen auf. Beim Menschen und Säugetier ist das Coenyzym Q-10 wichtig. Ubichinon kann der Körper aus der Aminosäure Phenylalanin herstellen. Nur bei Mangel an dieser Aminosäure oder Störungen der Umwandlung wird zu wenig Ubichinon gebildet. Der Name Coenzym Q sagt bereits, dass die Substanz ein vorhandenes (Apo)-Enzym aktivieren, „lebendig" und wirkungsvoll machen kann. Dabei handelt es sich um die Energiegewinnung aus der Nahrung und Umwandlung in körpereigene Energie, also ein zentrales Zellgeschehen in den Mitochondrien. Daher ist Ubichinon bedeutsam für die energieintensiven Organe Herz, Leber und Lunge. Es gab die Hoffnung, dass eine Zufuhr von Coenzym Q-10 die Herzfunktion stärken könne, da bei Erkrankungen des Öfteren Mangel festgestellt wurde. Dies ist ebenso wenig gesichert wie die Aussage, dass Coenzym Q-10 ein Anti-Aging-Stoff ist. Ubichinon hat stofflich eine Verwandtschaft zu den Vitaminen K und E als ein fettlöslicher vitaminähnlicher Stoff. Die Einnahme von cholesterinsenkenden Medikamenten (Statinen) kann zum Ubichinonabbau im Körper führen.

Ubichinon wird auch über die Nahrung aufgenommen. Als fettlösliche Substanz findet es sich im Fettanteil von Innereien, Fettfischen (Makrele), Pflanzenölen, Hülsenfrüchten, Ölsaaten und einigen Gemüsearten. Die tägliche Aufnahmemenge liegt mit 3-5 mg niedrig, sie unterstützt aber nur die körpereigene Synthese. In Nahrungsergänzungsmitteln darf die Ubichinonmenge pro Kapsel (tägliche Dosis) 100 mg nicht überschreiten für Schwangere und Stillende.

Tabelle 24: **Vitaminähnliche Substanzen und Aufnahme**

Substanz	Aufnahmemenge durch Nahrung
Carnitin	32 mg/Tag Vegetarier 2 mg/Tag
Cholin	0,9-1 g/Tag
Kreatin	1-2 g
Myo-Inosit	1 g
Taurin	40-400 mg
Ubichinon (Coenzym Q)	3-5 mg

Quelle: Elmadfa, Ibrahim; Leitzmann, Claus: Die Ernährung des Menschen. 4. Aufl. Stuttgart 2004, S. 418-431

Die Aufnahmemengen der vitaminähnlichen Substanzen verdeutlichen ihre Bedeutung im Stoffwechsel. Da der Körper sie selbst aus Vorstufen wie z.B. Aminosäuren herstellen kann, gelten sie nicht als Vitamine und müssen nicht durch die Nahrung zugeführt werden. Allerdings sind sie in vielen Lebensmitteln enthalten. Bei Störungen im normalen Stoffwechselgeschehen, kann eine erhöhte Zufuhr sinnvoll sein.

Ehemalige Vitamine

Hier werden fünf Substanzen vorgestellt, die früher als Vitamine angesehen wurden. Inzwischen weiß man, dass der Körper sie selbst herstellen kann, daher zählen sie nicht mehr zu den Vitaminen. Sie sind stoffwechselwirksam. Man braucht sie nicht mit der Ernährung zuführen, da sie im menschlichen Organismus gebildet werden. Die Annahme, dass eine Zufuhr durch die Nahrung die Wirksamkeit stärkt, ist umstritten.

Adenosinphoshat

Diese Substanz ist ein Bestandteil des Energiestoffwechsel (AMP) und kann mit mehreren Anteilen Phosphorsäure vorkommen. Da es in der Erbsubstanz der Zelle (RNA) auftritt, hat es mit dem Eiweißstoffwechsel und vielen entscheidenden Prozessen des Stoffwechsels zu tun. Der Körper kann es selbst aufbauen, es ist ein wichtiger Stoff, kein Vitamin.

Para-Aminobenzoesäure

Die Para-Aminobenzoesäure, auch PABA genannt, früher Vitamin B_{10} ist eine Aminosäure, die Bestandteil der Folsäure ist. Sie kommt in Hefe, Innereien, Milch und Weizenkeimen vor. Sie hat über die Folsäure und weitere B-Vitamine Bedeutung für Wachstums- und Aufbauprozesse.

Orotsäure

Sie wurde früher als Vitamin B_{13} bezeichnet und in Molke entdeckt, weshalb sie den lateinischen Namen für Molke (oros) erhielt. Sie befindet sich in Kuhmilch, in höherer Menge in Schafmilch. Ferner kommt sie in Leber und Hefe vor. Zwar ist die Orotsäure kein Vitamin, da der Mensch sie selbst bilden kann, aber als Stoffwechselprodukt werden ihr viele positive Eigenschaften zugeschrieben. So kann sie den Harnsäurespiegel senken, dient als Leberschutz und ist für den Aufbau zweier Nukleinsäuren (Uracil, Cytosin) wichtig. Dazu hat Orotsäure einen positiven Einfluss auf das Gehirn, was sich in geringerer Vergesslichkeit und besserer Gedankenleistung äußern soll. Da sie in Milch enthalten ist, erhält das kleine Kind oder Jungtier hiermit eine Anregung für die Entwicklung des Nervensystems sowie für Aufbauprozesse der Leber.

Pangamsäure

Die früher Vitamin B_{15} genannte Pangamsäure kommt gemeinsam mit B-Vitaminen vor. Sie findet sich vor allem in Reiskleie, Hefe und Pflanzensamen (Getreide, Ölsaaten). Etliche positive Wirkungen sind von ihr bekannt. So verbessert sie die Sauerstoffversorgung der Zellen, was besonders Sportler interessiert, und soll eine Leber schützende Wirkung ähnlich wie Orotsäure haben. Da sie den Cholesteringehalt des Blutes senken kann, wird sie zur Vorbeugung vor Arteriosklerose empfohlen.

Amygdalin

Amygdalin wurde auch Vitamin B_{17} genannt und kommt in Bittermandeln, Aprikosen- und Apfelkernen vor. Durch Abbau bildet sich giftige Blausäure. Amygdalin galt als alternatives Krebsmedikament (Laetrile), da es angeblich der Tumorzelle schaden soll. Dies ist nicht nachgewiesen, aber die Vergiftungsgefahr sehr groß. Es ist kein zugelassenes Medikament. In der Ernährung sollten maximal 1-2 Aprikosenkerne oder Bittermandeln gegessen werden, was durch den bitteren Geschmack leicht fällt. Es handelt sich eher um eine unerwünschte Substanz. Offiziell wurde es nie als Vitamin angesehen.

Resümee

2012 jährte sich die Entdeckung der ersten Vitamine zum 100. Mal. Heute ist bekannt, wie wichtig sie im Körper sind und dass sie in der Nahrung enthalten sein müssen.

Mit diesem Wissen kam der schonende Umgang bei der Lagerung, Verarbeitung und Zubereitung von Nahrungsmitteln, denn diese Wirkstoffe der Lebenskräfte sind empfindlich gegenüber Licht, Wärme oder Sauerstoff. Allerdings meinte man auch, sie abgetrennt vom Lebensmittel genauso effektiv zuführen zu können.

Dies hat sich als Fehler herausgestellt – vor allem, die Aussage, dass viel Vitamin viel hilft. Es wird allgemein auf die Bedeutung einer vitaminreichen frischen Kost hingewiesen vor allem bei Gemüse und Obst. Vitamine sind der stoffliche Ausdruck von wirkenden Lebenskräften, die im lebendigen Organismus entstehen.

Trotzdem nehmen intensiv verarbeitete Produkte auch im Bio-Angebot zu, was oft zu einem Vitaminverlust beiträgt. Diese Convenience Waren verbreiten sich stark und die Verbraucher machen sich oft nicht klar, dass die notwendige Vorverarbeitung für die bequeme Zubereitung auf Kosten der Vitaminqualität geht. Daher lautet die Empfehlung, sich so oft wie möglich seine Nahrung frisch aus Demeter oder Bio-Zutaten zubereiten.

Tabelle 25: **Vitamine und früher so bezeichnete Substanzen**

Namen	Bezeichnungen	Bemerkung
Thiamin	Vitamin B_1	
Riboflavin	Vitamin B_2	
Niacin	Vitamin B_3	
Cholin	Vitamin B_4	Vitaminähnlicher Stoff
Pantothensäure	Vitamin B_5	
Pyridoxin	Vitamin B_6 oder B_{16}	
Biotin	Vitamin B_7 oder H	
Adenosinphoshat	Vitamin B_8	Kein Vitamin
Folsäure	Vitamin B_9 oder B_{11}	
p-Aminobenzoesäure	Vitamin B_{10}	Kein Vitamin
Cobalamin	Vitamin B_{12}	
Orotsäure	Vitamin B_{13}	Kein Vitamin
Pangamsäure	Vitamin B_{15}	Kein Vitamin
Amygdalin	Vitamin B_{17}	Kein Vitamin
Ascorbinsäure	Vitamin C	
Retinol	Vitamin A	
Cholecalciferol Ergocalciferol	Vitamin D_3 Vitamin D_2	
Tocopherol	Vitamin E	
Phyllochinon Menachinon	Vitamin K_1 Vitamin K_2	
Carnitin	Vitamin BT	Vitaminähnlicher Stoff
Ubichinon	Vitamin Q	Vitaminähnlicher Stoff

Autorennotiz

Dr. sc. agr. Petra Kühne, Ernährungswissenschaftlerin, Leiterin des Arbeitskreises für Ernährungsforschung in Bad Vilbel. Redakteurin vom „Ernährungsrundbrief", Beiträge in Zeitschriften, Vortrags- und Kurstätigkeit. Buchveröffentlichungen: Anthroposophische Ernährung - Lebensmittel und ihre Qualität (2008), Gewürze und Kräuter (2. Aufl. 2008), Anthroposophische Ernährung II - Mineralstoffe und Spurenelemente (2014), Säuglingsernährung (12. Aufl. 2015)

Literatur

Elmadfa, Ibrahim; Leitzmann, Claus: Die Ernährung des Menschen. 4. Aufl. Stuttgart 2004

Pelikan, Wilhelm: Heilpflanzenkunde Bd. II. Dornach 2000

Pies, Josef: Vitamin K2. Vielseitiger Schutz vor chronischen Krankheiten. Kirchzarten 2012

Schmidt, Gerhard: Dynamische Ernährungslehre Bd. 2, Kapitel: Von den sogenannten Vitaminen. St. Gallen 1979

Steiner, Rudolf: Ärztevortrag 3.1.24 und Arbeitervorträge „Neun Vorträge über das Wesen der Bienen". 1.12.23, 15.12.23 GA 316

Stichwortverzeichnis

Arbeitskreis für Ernährungsforschung e.V. (AKE)

Dieses Buch ist vom Arbeitskreis für Ernährungsforschung e.V. herausgegeben. Ziel dieses gemeinnützigen Vereins ist eine ganzheitliche Ernährung auf anthroposophischer Grundlage, die auch umwelt- und sozialverträglich ist. Wir möchten Menschen unterstützen, ihre individuelle Ernährung zu finden.

Ernährungsforschung
Wir fördern Projekte, die sich mit der anthroposophischen Ernährung und Entwicklung von Methoden der ganzheitlichen Lebensmittelqualität befassen.

Schriftliches und mehr
Der AKE gibt weitere Bücher und Broschüren heraus, die Sie in unserer Bücherliste und auf unserer Homepage finden. Daneben erscheint vierteljährlich die Zeitschrift „Ernährungsrundbrief" sowie Beratungsblätter zu Ernährungsfragen und Diätetik.

Fortbildung und Seminare
Der AKE bietet Fort- und Weiterbildungsmöglichkeiten an sowie eine Jahrestagung zu aktuellen Ernährungsthemen.

Mitglieder erhalten unsere Zeitschrift Ernährungsrundbrief, sie ist auch im Abonnement zu beziehen. Gerne senden wir kostenlos Info-Material mit Auskünften über Forschungsprojekte, Seminarangebote, Literaturempfehlungen sowie ein Probeheft der Zeitschrift.

Arbeitskreis für Ernährungsforschung e.V.
Niddastr. 14
D-61118 Bad Vilbel
Email: Info@ak-ernaehrung.de
www.ak-ernaehrung.de